SUGAR CHANGED THE WORLD

砂糖の社会史

マーク・アロンソン＋マリナ・ブドーズ【著】
Marc Aronson and Marina Budhos
花田知恵【訳】
Chie Hanada

原書房

砂糖の社会史

目次

第2章 地獄 043

サトウキビ、学名 *Saccharum officeinarum* は、ロバート・ベントリーとヘンリー・トリメンの共著 *Medicinal Plants*（薬用植物）（1880 年版）に描かれている。（カリフォルニア大学ロサンゼルス校、ルイーズ・M・ダーリング医学図書館／科学の歴史・特殊コレクション）

はじめに
この本を書くことになった経緯

マーク

エルサレム特有のからりと晴れた暑い日のことだった。わたしは妻のマリナとともに暖かい日差しが降り注ぐ石のテラスに座り、そこでわが家の砂糖物語について初めて知った。一族の歴史でいままで空白になっていた部分をいとこが話してくれたのだ。

父方の家族は帝政ロシアのウクライナに住んでいた。父の父、ソロモンは、キエフの宗教指導者《グランド・ラビ》を務めていたが、その地位は14世紀から代々受け継がれてきたものだった。ソロモンは進歩的なラビで、ユダヤ社会とキリスト教社会の交流に努めた。先見の明があり、変革の時を予想して、のちにイスラエルと呼ばれる国家の建設に尽力した。わたしの祖父は家族を連れてテルアビブに移り住み、そこでユダヤ人社会の指導者となった。

だが、そんな彼でも息子アヴラムが選んだ妻のことは予想外だった。長男のアヴラム（わたしの伯父）は、それまで17代にわたって一家の長男がそうであったように、ラビになることを期待されていた。しかし、第一次世界大戦中、ドイツの捕虜収容所に捕らえられていたアヴラムは、そこで暗褐色《あんかっしょく》の瞳のロシア人キリスト教徒と恋に落ちた。ふたりは父親の大反対にもめげず結婚した。アヴラムは長らく勘当されていたが、父親の臨終の床に呼ばれ、ようやく許された。

ニーナは一族のなかで常に謎めいた存在だった。映画女優のように美しく、都会的で上品で、スラブ系の広い頬《ほお》の面立ち。成人してからの大半をテルアビブで過ごしていたが、話せるのはロシア語だけだった。じつは貴族の末裔《まつえい》で、かつては大金持ちだったらしい。聞くところによると、彼女とアヴラムは魅惑的なカップルだった。ハンサムな夢想家（イディッシュ語で、luftmensh、「空気の人」）と、愛する人と結ばれるためにすべてを捨てた謎の美女。

謎の多いニーナのことをもっと知りたいと思っていたところ、ほかにもいろいろ聞けた。いとこが言うには、ニーナの祖父はロシアの農奴だった。農奴とは、地主である貴族によって自由に売買される農民のことだ。一族の言い伝えによると、素晴らしく聡明《そうめい》なこの農奴が砂糖の歴史の流れを変えるきっかけを作った。19世紀初め、カリブの砂糖プランテーションと大西洋航路はイギリスが牛耳っていた。そのため競合国は砂糖を生産する別の方法はないかと躍起《やっき》になっていた。そして、彼らは甜菜《テンサイ》に目を向けた。

ニーナの祖父が何を発明したのか詳しくはわからないが、どうやら彼は甜菜の粗糖に輝きを加える方法を考え出したらしい。こうしてロシアの民衆からウィーンのカフェまで、ヨーロッパ産の安くてきれいな砂糖が簡単に手に入るようになった。

農奴は奴隷と似たようなものだ。住む場所も働く場所も自分では選べない。だが、ニーナの祖父は発明で大金を得たため、領主に金を払って自由の身になった。そして、大富豪になった――巨万の富を築き、ヴォルガ河畔に土地を購入し、さらには隣接する川沿いの土地を有する貴族に娘を嫁がせた。両家を合わせるとちょっとした小帝国の規模になり、この重要な水路の長い区間を支配した。この地方で最初に自動車を購入したのもこの一族だった。

残念ながら、娘婿であるこの貴族の息子がとてもひどい男で、ニーナの母親は結婚生活から逃げだし、皇帝に婚姻の無効を願い出た。皇帝は、ロシア正教会では離婚は認められないと言った。だが、彼女に金を積まれると、ロシアを出ていくことを許可した。こうして、砂糖発明家の娘は、幼いニーナを連れてベルリンに移った。そのとき、ダイヤモンドと黄金を持っていったが、そのほとんどは第一次世界大戦で失われてしまった。

財産で残っているのはダイヤモンドひとつだけで、ニーナの娘ナオミがイスラエルの自宅の引き出しにしまっている。

マリナ

わたしの場合、砂糖の物語はカリブの白い家から始まる。

物心ついたときから、ガイアナにあった我が家のことは聞いて知っていた。美しい家だったという。窓がいくつも並んだ長方形の白い家で、どの窓にも精巧な格子の鎧戸《よろいど》がついていた。ひんぱんに浸水するその地区の住宅と同じく、高床式になっていた。「ボトムハウス」と呼ばれる床下部分には鶏が放し飼いにされていた。室内はポーランドから取り寄せた家具や磨かれた木の床で整えられ、引き出しには叔母たちの金やルビー、ダイヤモンドの宝飾、村いちばんの繊細な手縫いのドレスがしまってあった。

わたしの曾祖父母《そうそふぼ》は19世紀後半、砂糖プランテーションで働くため、インドからガイアナ――当時のイギリス領ギアナ――に移ってきた。ちょうど砂糖が大英帝国の支柱になっていたときだ。砂糖の需要は絶大だった。かつて王侯貴族だけが味わえる贅沢品《ぜいたくひん》だったのが日常の必需品になっていたのだ。ロンドンの貧しい店の売り子でさえ、お茶に砂糖を入れて飲んでいた。

奴隷制は１８３３年に大英帝国で廃止された。アメリカ合衆国で奴隷解放宣言がなされる30年前のことだ。砂糖プランテーションの経営者は奴隷を解放したあとも、サトウキビを刈り取ったり、それを砂糖にしたりするのに安い労働力がどうしても必要だった。そこでイギリス人経営者はほかの植民地――インド――に目をつけ、５年契約の労働と帰国の旅費供与を条件に、大勢の男女を雇い入れた。インド人にとって、海外へ行くのは覚悟の要ることだった。いったん周囲の大洋の「黒い水」を超えたら、その人は「タプに行ってしまった」とされる［もとは「島に行ってしまった、消息不明になった」という意味］。その人は故郷の村で居場所を失い、再び受け入れてもらうには特別な儀式を執り行わなければならない。インドを出て行くことは故郷を捨てることを意味した。だが、ある人々にとって――ある家族にとって――よりよい暮らしのためにはそれよりほかに道がなかった。

わたしの家族の白い屋敷は祖母の持参金だった。祖母は背が高く、色白で、イギリスのプランテーション方式のもとで栄えた家の出だった。屋敷はレター・ケニーという村に建てられた。ガイアナの東端にある小さな村で、現在のスリナムとの国境近くに位置する。一家はいくらかの土地を所有し、召使いも雇っていた。父は当時を振り返り、運河でエビをよく採ったものだと何度も話していた。

わたしの曾祖父は農園労働者の指導者、〝サーダー〟に選ばれ、契約期間が過ぎたあともインドに帰らず、そこで土地を買って成功した。だからこそ、娘〔わたしの祖母〕の持参金として大きな家を祖父に与えることができたのだ。祖父もまた、いくつかのプランテーションで高い地位に就いていた。祖父は自分の子供たちをキリスト教教会で結婚させ、全員をキリスト教徒に改宗させたため、ほかの村人よりも「上位」に見られた。順調に栄えた一族であり、特に男子は学校でよい成績を収め、出世した。女子はみな欧米の服を着て、食卓にはマーマレードやイワシの缶詰など高価な輸入品がのぼった。男子は畑仕事をするにはおよばなかった。娘のひとり、アイリーンは宣教師になった。活気に満ちた鋭い目つきのアイリーンは村の日曜学校で厳しく教えた。わたしの父は奨学金を得てアメリカに渡り、西インド諸島からの留学生を募集していたハーバード大学に入学し、やがて教師になった。

その後、父の兄たちが問題を抱え、貧しい叔母たちが老衰と高齢で困窮《こんきゅう》するなど――かつて見下していた村人の世話になっていた――苦境に立たされたが、それでも親族はあの屋敷を手放さなかった。わたしたち兄弟姉妹がいつか屋敷を相続すると考えていたのだ。砂糖で成り立っていた小さなイギリス植民地における一族の繁栄の証《あかし》であるあの家を。

ついにわたしはガイアナを訪れ、その家がどうなったかを見た。車で古い砂糖農園を走りながら、景色を眺めた。広い空を背景に椰子《ヤシ》の木々がそびえ、青々としたサトウキビの列が輝きを放って延々と続いていた。村はどこも大きな館を取り囲むように作られ、この国ができたのはすべて砂糖があったからなのだと気づかされた。いまでも時折、古い煮沸場《しゃふつじょう》――サトウキビを砂糖の結晶や糖蜜《とうみつ》、ラム酒に加工するところ――が、平坦《へいたん》な風景のなか、図体《ずうたい》の大きな亡霊のように立ち現れる。

レター・ケニーに着いてすぐ、わたしたちの家はもうないことがわかった。叔母が亡くなる前に売却され、いまは自動車修理工場になっていた。残っていたのはコンクリートのわずかな一部と古い配管だけ――そして、伝えられる時を待っていた物語があった。

＊

ダイヤモンドと屋敷。ふたつの家の宝。砂糖の物語のふたつの部分。わたしたちふたつの家族の物語――奴隷に代わってガイアナに連れてこられたマリナの曾祖父母、その砂糖の代替品を精製する方法を見つけたマークの叔母の祖父――は、この驚くべき物質にまつわるはるかに壮大な物語の一部に過ぎなかった。これは何百万もの人々を移動させた物語、富が築かれては失われた物語、暴力と歓喜の物語。そのすべてはわたしたちがコーヒーに入れたり、ケーキの上に振りかけたりする小さな結晶のためだった。砂糖が世界を変えたのだ。

ハチミツの時代

砂糖以前の時代があった。あの舌の上でとろける白い粒など、この世に存在していなかった時代だ。歴史学者は武器や道具に使われた金属にもとづき、鉄器時代、青銅器時代などと時代を分けている。同じ理屈で、人類史の最初の数千年間を「ハチミツ時代」と呼ぶことにしよう。

紀元前7000年頃のスペインの岩絵には、人間が斜面をよじのぼり、ハチ

スペインで見つかったこのふたつの岩絵には、人間がハチミツを採りに崖を登っているところが描かれている。紀元前7000年頃のもので、最古のハチミツ採取の方法が示されている。（エヴァ・クレーン『養蜂とハチミツ採りの世界史』）

の巣ができている亀裂を見つけ、ハチミツを採ろうと手を伸ばしている様子が描かれている。実際、ヨーロッパやアフリカ、アジアのどこでも、氷に閉ざされた土地でない限り、運がよければミツバチの巣を見つけることができ、刺される危険はあるものの、この恵みが手に入った（アメリカ大陸にミツバチはいなかったので、人々はサトウカエデやリュウゼツランの樹液を集めたり、果物をつぶしたりして甘味を味わっていた）。やがて、運に頼らなくてもいいと気づいた人がいた。ミツバチが飛んでくる近くの木の幹をくりぬき、そこに巣を作らせるのだ。ミツバチは「飼う」ことができる――わざわざ探しに行く必要はない。

「ハチミツ時代」、人間はその土地土地の特色を味わっていた。香水のような軽いオレンジの花の風味や、土や穀物の香りがする濃いソバの風味など、ハチミツはその土地に咲く花の味がした。ハチミツの魅力はそれだけではない。ミツバチはたいへんな働き者で、女王バチが働きバチに囲まれ、守られ、支えられているのが容易に見て取れた。大昔の人々にとって、ハチの巣は完璧だった。甘味という贈りものを与えるとともに、王と王妃が忠実な臣民に奉仕されるという自分たちの暮らしを映し出していた。

ミツバチは生き方を示していた。人は近くで育てた食物を食べ、親や先祖と同じ仕事をし、王や貴族など位の高い人を敬った。巣を作るハチは、人はどのように生きるべきかを示しているように見えたため、古代ローマの詩人、ウェルギリウスはミツバチに神性のきらめきを見いだしている。

ある人々は言う
蜜蜂《ミツバチ》は神の英知にあずかっており(1)

砂糖はハチミツとは違う。ハチミツよりも強い甘味があり、鋼鉄やプラスティック同様、自然界に存在するのではなく、作り方が発明されてできたものだ。「砂糖時代」、ヨーロッパの人々は何千キロも離れた土地で作られたそれを、すぐそばで採れるハチミツよりも安い値で手に入れていた。そんなことができたのも、砂糖が世界中で人間を移動させたからだ。何百万人もの鎖につながれた奴隷と、金儲《かねもう》けに目のない少数の人間がいた。完璧な甘味は最も残酷な労働によって作られた。これが砂糖の暗黒物語だ。しかし、これとは別の物語もあった。偉大な文明

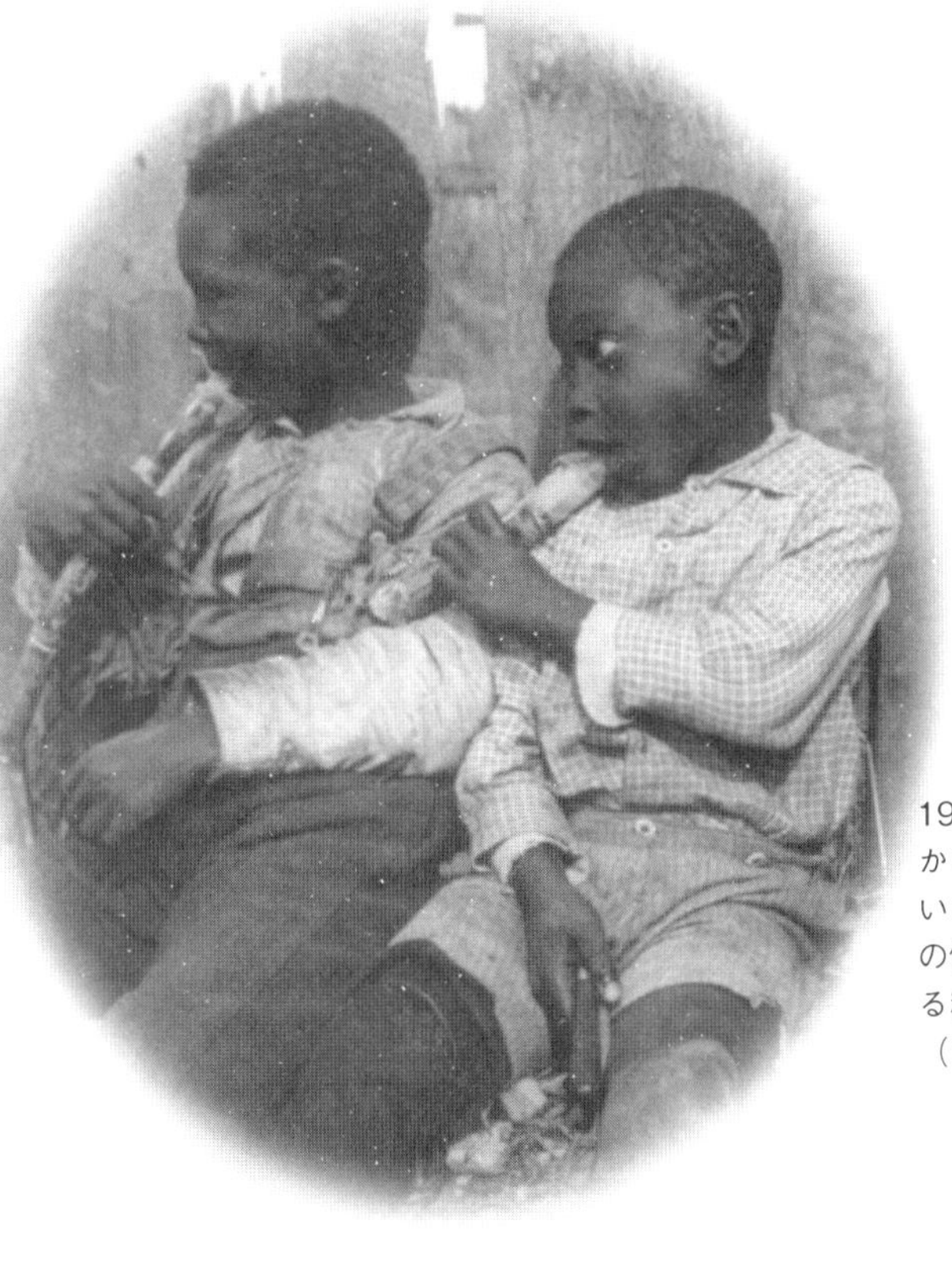

1901年の写真。サトウキビをかじるふたりの少年。まず間違いなく彼らもサトウキビ農園の働き手だ。サトウキビは生きる糧であり、災いでもあった。（アメリカ議会図書館）

や文化が交流するうちに人間の知識が伝播《でんぱ》し、それとともに砂糖に関する知識も広まった。たしかに、砂糖は奴隷制拡大の直接的原因となったが、砂糖で世界がつながったために、人間の自由という最も強力な概念がはぐくまれたのもまた事実だ。

砂糖は誰もが求める味、誰もが皆、強く求める味だ。世界中の人間がそれを手に入れるため、何でも進んでおこなってきた。あの甘さを味わうためなら何事も厭《いと》わなかった。初めて砂糖を口にしたときの興奮は容易に理解できる。ルイス＝クラーク探検隊の案内役を務めていたショショーニ族の女性サカガウェアは、探検隊がショショーニ族と対面したとき、旧大陸の産物にほとんど触れていなかったこの部族の酋長《しゅうちょう》に、ひとかけらの砂糖を与えた。酋長はこれをたいへん気に入り、「こんなにおいしいものはこれまで味わったことがない」と言った。(2) 砂糖は飢えや欲求を生み出し、その渇望は世界の端から端まで広がり、極めて悲惨な出来事と破壊をもたらしたが、いっぽうで自由という最も崇高な概念を生んだ。

砂糖は世界を変えた。

まずは、探究心に満ちた男の物語から始めよう。

第1章 呪術から香辛料へ

紀元前326年のことだ。アレクサンドロス大王は、現在のパキスタンに位置するインダス川のほとりに立っていた。ここ10年、彼らギリシア軍は周辺の土地へ快進撃を続け、アジアの覇者、強大なペルシアさえ打ち破ってきた。アレクサンドロスの連戦連勝は、すべてを征服したい、すべてを知りたいという彼の欲望をさらに焚《た》きつけるばかりだった。だが、兵士たちの士気は低かった。戦いに疲れ、家が恋しく、先に進むのを嫌がった。アレクサンドロスはこれ以上アジア征服を続けるのは無理だと悟ったが、好奇心が邪魔をして探検をやめられなかった。すでに800隻からなる艦隊を用意しており、親友のネアルコスを司令官に任命してインド沿岸部を海から探検するよう命じた。

そして、そのネアルコスが「甘い葦《あし》」を見つけたのだ(1)。

ギリシア人は、1世紀前の著述家ヘロドトスの書を読んでインド(インド亜大陸。現在のインドとパキスタンを含む地域)についてある程度は知っていた。それには、紀元前510年頃、ペルシア王ダレイオス1世がインドに攻め入ったとき、兵士たちがハチミツの採れる甘い葦を見つけたと記されていた。

おそらくペルシアの兵士が見つけたのはサトウキビだ。細く長い茎は竹に似ている。木質の樹皮には節がある。皮をむくと中の灰色がかった部分は湿り気があり、甘い。かぶりついて吸うと甘い汁を味わえる。今日でも、熱帯の市場ではサトウキビが山と積まれているのを見かける。キャンディと栄養ドリンクの中間のような嗜好品《しこうひん》として売っているのだ。

ネアルコスが探検に出かけたとき、彼もまた「ミツバチもいないのにハチミツが採れる葦」を見つけた。好奇心旺盛のギリシア人はサトウキビを発見して喜んだが、それは自然界の興味深い真実がひとつ加わっただけのことだ。ちょうど、夏休みの滞在先から送った絵はがきが家族旅行で訪れた名所リストに加わるように。その「葦」がハチミツの時代を一気に終わらせることになるとは誰が想像できただろう。

神々と儀式

サトウキビの原産地はオーストラリアの北、現

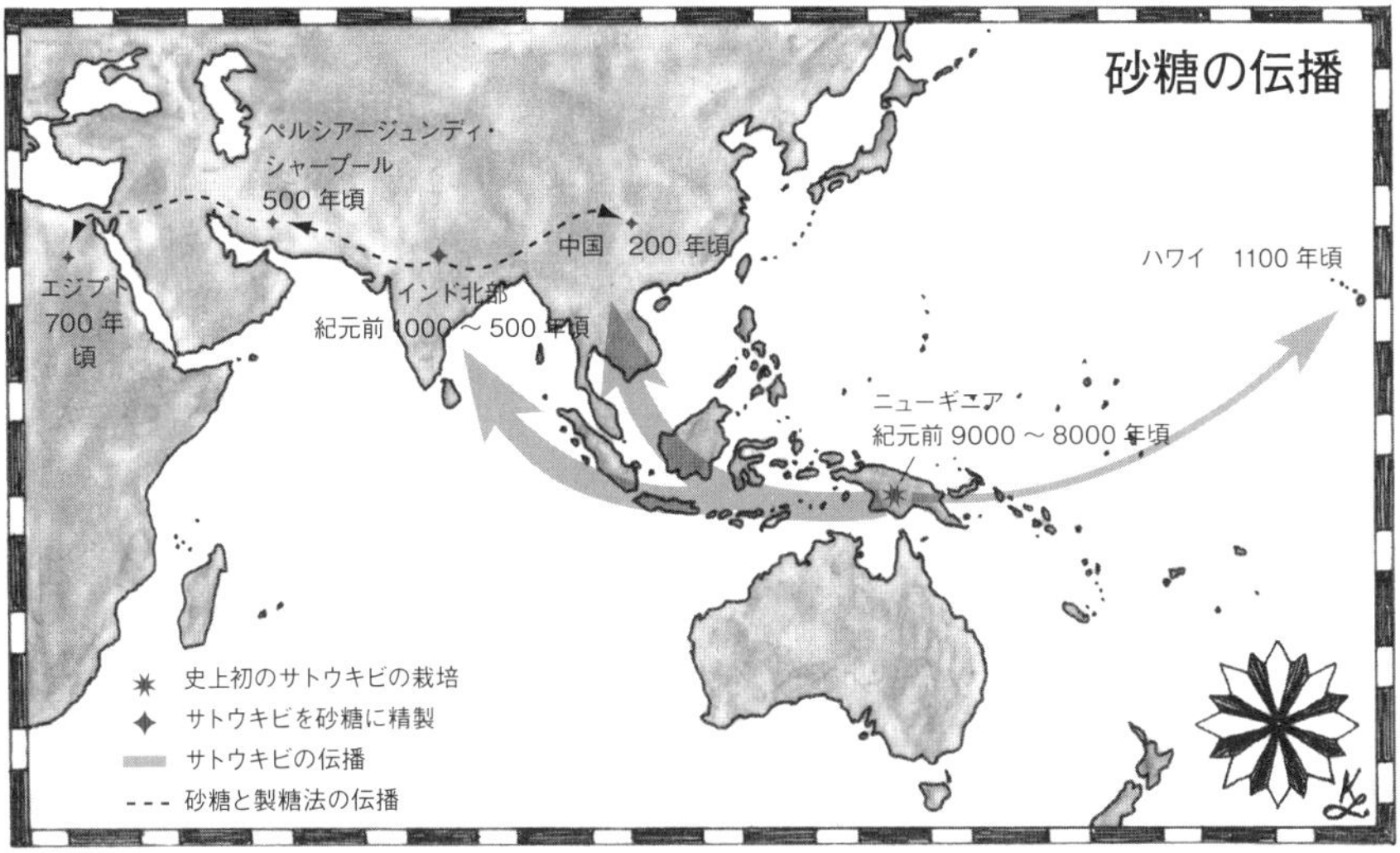

在ニューギニアと呼ばれている島だ。おそらく、その島で初めて人工的に栽培され、それはギリシア人が栽培を始める5000年以上も前だった。最初、サトウキビはただのおいしい野生の植物だった。やがて人はリンゴの木や木の実が採れる低木を植えるように、サトウキビを栽培する方法を思いついた。甘い植物のことはニューギニアから北方へと広まり、アジア大陸に伝わった。ポリネシアの海の民もサトウキビを携えて島から島へと渡り、西暦1100年頃、ハワイに到達した。[2]

ドゥルガを称える祭りのためにこの女神像を用意している。この写真は近年、インドで撮られた。インドではドゥルガはいまも崇拝されている。(ラム・ラーマン氏のご厚意により掲載)

しかし、砂糖のことが初めて文書に記録されたのはインドである。そこでは祭事や呪術の儀式の供物として使われた。

エジプトで最初のピラミッドが建設されるよりも遠い昔、古代シュメール人はインダス川流域のハラッパーやモヘンジョダロの人々と交易していた。残念ながら、それらの古代都市から見つかった文字はいまだに解読されていない。したがって、その地域の様子を伝える最初の文書は後代に書かれたものだ。それらヒンドゥーの聖なる教えは、だいたい紀元前1500年から900年にかけて最初にまとめられ、一言一句口伝で次世代に授けられた。ようやく文書に記されたのは何百年も経ってからだ。ヒンドゥー教の文書を読むと、これが火を特別に重視していた信仰だとわかる。人々は、火は神々から人間に与えられたと信じていた。また、火は人間が神々に語りかける手段でもあった。神官は特別な火に供物《くもつ》をくべ、煙にして神々のもとへ届ける。この特別な焚《た》き上げのために、5つのものが用意された。ミルク、チーズ、バター、ハチミツ、サトウキビだ。

ヒンドゥー最古の文書のひとつに数えられる『アタルヴァ・ヴェーダ』は、サトウキビで作られた射手の弓について記している。また、サトウキビを環状に植えて愛する人を守る魔除《まよ》けとしたなど、それ以外にもサトウキビの具体的な使い方が示されていた。最も重要な女神ドゥルガを敬い、その加護を得るには、三角の火壺に向かって額《ぬか》ずく、とある。そして、聖なる言葉を唱えながら火に供物をくべるのだ。(3)

こうしてサトウキビは火を使う儀式の材料となった。おそらく、神官

『アタルヴァ・ヴェーダ』にあるこの図は、ドゥルガに供物を捧げるときの三角形の火壺の置き方を表している。三角形を取り囲むしるしは、祭壇の一方の角が南を指していなければならない。(アメリカの文献学の季刊誌 American Journal of Philology、1889年版からの複製)

が何度も供物を捧《ささ》げているうちに、サトウキビの汁を上手《うま》い具合に煮詰めたら、結晶化して甘い焦げ茶色の塊《かたまり》になると気づいたのだろう。そして、その変質そのものが魔術に見えたに違いない——温められた液体がなぜか黒い砂粒状のものに変わる。『アタルヴァ・ヴェーダ』では、サトウキビは「イクシュ」と呼ばれている。「その甘味のために人々が求める、あるいは欲しがるもの」という意味だ。しかし、固形の砂糖の作り方を知った人々は、これを「砂利」を意味する「シャルカラ」と呼び始めた。

インド人は砂糖を儀式に使ういっぽうで、サトウキビの茎をかじって甘味を味わってもいた。古代インドのサンスクリット語で「砂糖の欠片《かけら》」を示す言葉は「カンダ」と言い、ペルシアからアラブ、ヨーロッパへ伝わるうちにこれが「キャンディ」と

砂糖は近代になっても栽培が続けられた。この絵は1854年に描かれたもの。象が実際にこのように鋤を引いていたのか、彼の地を訪れた画家が想像して描いたのかは不明。（アメリカ議会図書館）

なった。古代インドでは砂糖は第三の用途があった。薬として扱われていたのだ。今日、わたしたちは「ひとさじの砂糖は薬を飲み下すのを助ける」と言う。ところが、太古の昔から近年まで、砂糖そのものが薬として扱われ、治療に使われていたのだ。

砂糖が世界に広まる次の段階は、世界の叡智《えいち》が集まる文明の十字路の学園から始まった。

世界初の本格的な総合大学

いまではジュンディ・シャープール(4)と言っても、知っている人は少ない。だが、当時は突出した学問の場だった。ジュンディ・シャープールは現在のイランに、5世紀から6世紀半ばのあいだに作られた。正確な時期は不明だが、この学院についてはいろいろわかっている。そこは世界の叡智が集まる場所だった。529年、キリスト教徒はアテナイの学園を閉鎖し、ソクラテス、プラトン、アリストテレスが過ごした学びの場は断絶した。残ったギリシアの学者たちはジュンディ・シャープールに移った。そこにユダヤ人が加わり、独自の思想と伝統を重んじるキリスト教ネストリウス派の集団も続いた。ペルシア人もやってきて、そこで学んだ医師たちがインドへ赴き、ヒンドゥーの知恵を集めて翻訳した。学院には世界初の医科大学と病院が作られ、患者の治療にあたるとともに、若い医師たちが医術を学んだ。また、天体観測のための高度な天文台もあった。ジュンディ・シャープールには中国以西の突出して優れた学者が集まり、ともに考え、

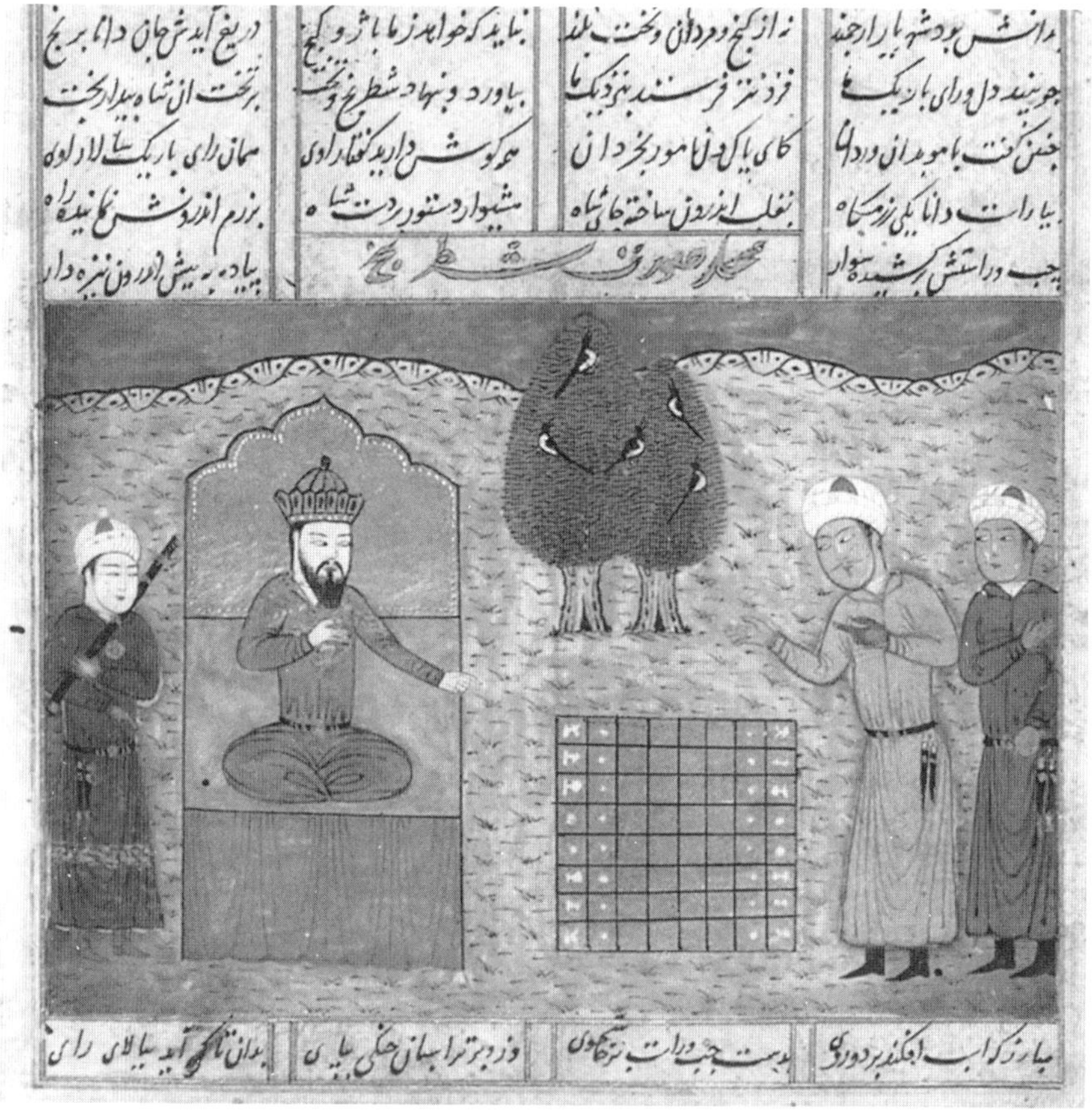

ホスロー１世（公明正大なるホスロー・アヌーシールワーン）は 531 年から 579 年までササン朝ペルシア帝国を治め、その頃、ジュンディ・シャープールは世界の学問の殿堂となっていた。この絵は、インドからの大使に謁見しているところ。大使はチェスを披露している。チェスはホスロー１世の治世にペルシアに紹介されたようだ。ジュンディ・シャープールでは思想や知識がこのように交換されていた。この絵はペルシアの叙情詩『王書［シャー・ナーメ］』に描かれたもの。同書は神話に始まり、実在の諸王について記している。フェルドウスィーが書いたこの詩には多くの挿絵があり、ウェブサイト「シャー・ナーメ・プロジェクト」には、6000 以上の絵が掲載されている。この絵はインドで作られた 1437 年版から転載。（『アヌーシールワーンにチェスを献上』、大英図書館）

学んだ。

７世紀、学院の医師たちはインド産の薬「シャルカラ」[5]——ペルシア語で「シャカル」——つまり、砂糖《シュガー》について記している。ジュンディ・シャープールの学者たちはサトウキビを砂糖に精製する新しい、よりよい方法を見つけていたのだ。学院はアジア、地中海、ヨーロッパの多くの偉大な文明と結びついていたため、砂糖という言葉とその特別な味覚は自然と各地に広まった。とはいえ、それで人々が甘いケーキを焼いたり、ケーキを砂糖衣で飾ったりしていたわけではない。

現在、わたしたちは甘いものと塩味のものは一般に分けて考えている。たとえば、朝食に果物を食べる、そしてメインコースに肉料理を食べるとしたら、それはたいてい昼食か夕食だ。だが、当時の人々は果物やハチミツ、砂糖を料理に甘味を加えるために使い、甘いものを塩味のものや苦い

ホスロー１世はいまも称えられている。その彫像はイランの首都、テヘランの裁判所の壁を飾っている。（イラン、KDIのご厚意により掲載）

ものと混ぜて食べることもあった。[6] それは今日、わたしたちもしていることだ。たとえば、ジンジャーブレッドは砂糖、ショウガ、クローブ、ナツメグを混ぜて作る。塩味のハムに甘いシロップを塗《ぬ》って照りをつけることもある。感謝祭の料理には七面鳥にクランベリーソースを添えるのが一般的だ。こうした祝祭日に食べる料理には、昔の味付けや調理法を守っているものが多い。

砂糖の知識がインドをはじめペルシア、ギリシア、ジュンディ・シャープールの学院から広がり始めた頃、非常に裕福な家の料理人は、砂糖を香辛料の一種として、別の味と混ぜて使っていた。そのままさらに１０００年の時が過ぎた。そして、砂糖の世界は急速に拡大することになる。イスラムという前代未聞の嵐によって。

神の嵐

西暦６１０年に預言者ムハンマドが説教を始めたとき、彼のもとに集まっていたのはごく少数の弟子たちだけだった。ところが、６３２年に彼が亡くなったときには、その信仰はアラビア半島全域に広がっていた。６４２年までには、イスラム指導者の軍勢とイスラム教徒の布教により、この宗教はシリア、イラク、イランの一部、はるばるエジプトにまで伝えられていた。さらにそこから地中海沿岸のアフリカ北部に広がり、イベリア半島へ渡り、フランスにまで到達した。ヨーロッパにおけるイスラムの進撃は７３２年に終わった。フランスがトゥール・ポワティ

この1501年製の版画にはふたつの計算方法が描かれている。右側の人は古代ギリシアの哲学者ピタゴラス（紀元前6世紀後半に活躍）。彼は道具を使って計算している。左側の人はそれから1000年後に活躍したキリスト教徒のボエティウス。彼はアラビア数字を使って計算している。ふたりのあいだにいるのが計算の精霊、あるいは女神。実際には、ヨーロッパにアラビア数字が伝わったのは1200年頃とされ、この絵が描かれた時代のほうに近い。（アメリカ議会図書館）

エの戦いでイスラム軍を破ったのだ。だが、それはヨーロッパでの話だ。イスラムの支配者はかつてアレクサンドロス大王が征服したアフガニスタンの一部を手に入れ、そこからインド北部へ進撃を続けた。中央アジアの異教徒はイスラム教に改宗した。改宗、もしくは征服により、ムハンマドの宗教、イスラム教はエジプト、ペルシア、インド、キリスト教文化圏の地中海など、古代世界のほぼ全土を取り込んだ。

広大なイスラム世界は知識の発展のためには理想的だった。ギリシア人は1000年以上も前に、実際的経験と技術的理解については近隣の他の文明を引き離して高いレベルに達していた。イスラム教徒は古代ギリシアの文献の翻訳に取りかかった。インドからゼロの概念を学び、いわゆる「アラビア」数字を発明した。(7) そして、イスラム教の聖典コーランはアラビア語で書かれていたため、イスラム圏の学者は誰でもアラビア語を覚え、知識を分け合うことができた。イスラム教徒はジュンディ・シャープールにもやってきて、そこで砂糖の秘密を知った。そして、地中海周辺に版図を広げながら、その土地土地に甘い葦を栽培し、汁を搾って砂糖を精製する方法を伝えた。

砂糖の支配者、イスラム教徒はそれを贅沢《ぜいたく》な飾りに使い始めた。金持ちのイスラム教徒に雇われた料理人は、アーモンドの粉と砂糖を混ぜ――現在のマジパンの作り方と同じだ――精巧な食べられる彫像を作っていた。あるイスラム教徒の主人は、饗宴《きょうえん》の食卓に砂糖で作った大きな宮殿を7つ並べた。ほかには、砂糖だけで作った木を飾る人もいた。砂糖はいまやイスラム教徒の贅沢品となり、イスラムの皇帝や王たちの富と気前のよさを示すものだった。

イスラム教の繁栄にともない、エジプトは世界一の砂糖の実験場となった。サトウキビから最も簡単に採れる砂糖は褐色をしていた。これは糖蜜の色だ。その段階の砂糖はスパイシーで苦みもある。わたしたちが糖蜜と呼ぶものは、サトウキビを絞って得られる糖分を含んだ液体のことだ。糖蜜はそのまま使ってもいいし、より白い砂糖に精製することもできる。砂糖を買える裕福な人、高貴な人はできるだけ純粋で甘くて白い砂糖を求めた。どうすればその要求に応えられるかはエジプト人が考え出した。

エジプト人はサトウキビをつぶして汁を集め、煮て、濾《こ》し、冷ましてから再び濾した。このサトウキビの汁を、底に穴のあいた型に注ぎ込むと、液が流れ落ち、粉だけが残る。この粉を牛乳と混ぜ再び煮る。これらの作業を一通り終えたら、再び最初から繰り返す。このような労力と手間をかけた結果、エジプトは「最も白く、最も純粋な」な砂糖で知られるようになった[8]。

砂糖の世界はイスラム文化圏の地中海を中心に、東は中国、北はヨーロッパまで広がっていた。マルコ・ポーロは１２８０年代にフビライ・ハーン帝国を訪れた。中国人は１０００年前からサトウキビを栽培し、黒砂糖を作っていたが、多くの人が欲しがる、輝く白い砂糖の作り方を教えたのは「ハーンの宮殿にいたエジプト人」だったと記している[9]。

イスラム世界が新しい知識を広く伝え、吸収し、砂糖を味わっていたのに対し、ヨーロッパは、孤立という正反対の方向へ進んでいた。

城壁に囲まれたヨーロッパ

中世の城での饗宴を想像して欲しい。ヨーロッパのキリスト教世界には12世紀まで料理本はなく、想像するよりほかないのだ。そもそも料理本など必要なかった。料理人には読み書き能力は求められていなかったのだから。裕福な領主は肉を買うことができた。貧しい人々はパンを食べた。領主は饗宴を催すとき、肉をパンに載せて供した――人々は「トレンチャー」という硬くなったパン切れを皿代わりにして食べた。

侵略者がローマを略奪し、ローマ帝国が揺らぎ始めた400年頃から、ヨーロッパはますます粗暴で無知になり、分裂する一方だった。イスラム教徒が古代ギリシア人の言葉を研究していたとき、多くのヨーロッパ人は自分の指を使って数を数え、大多数が文盲だった。商人でもない限り、

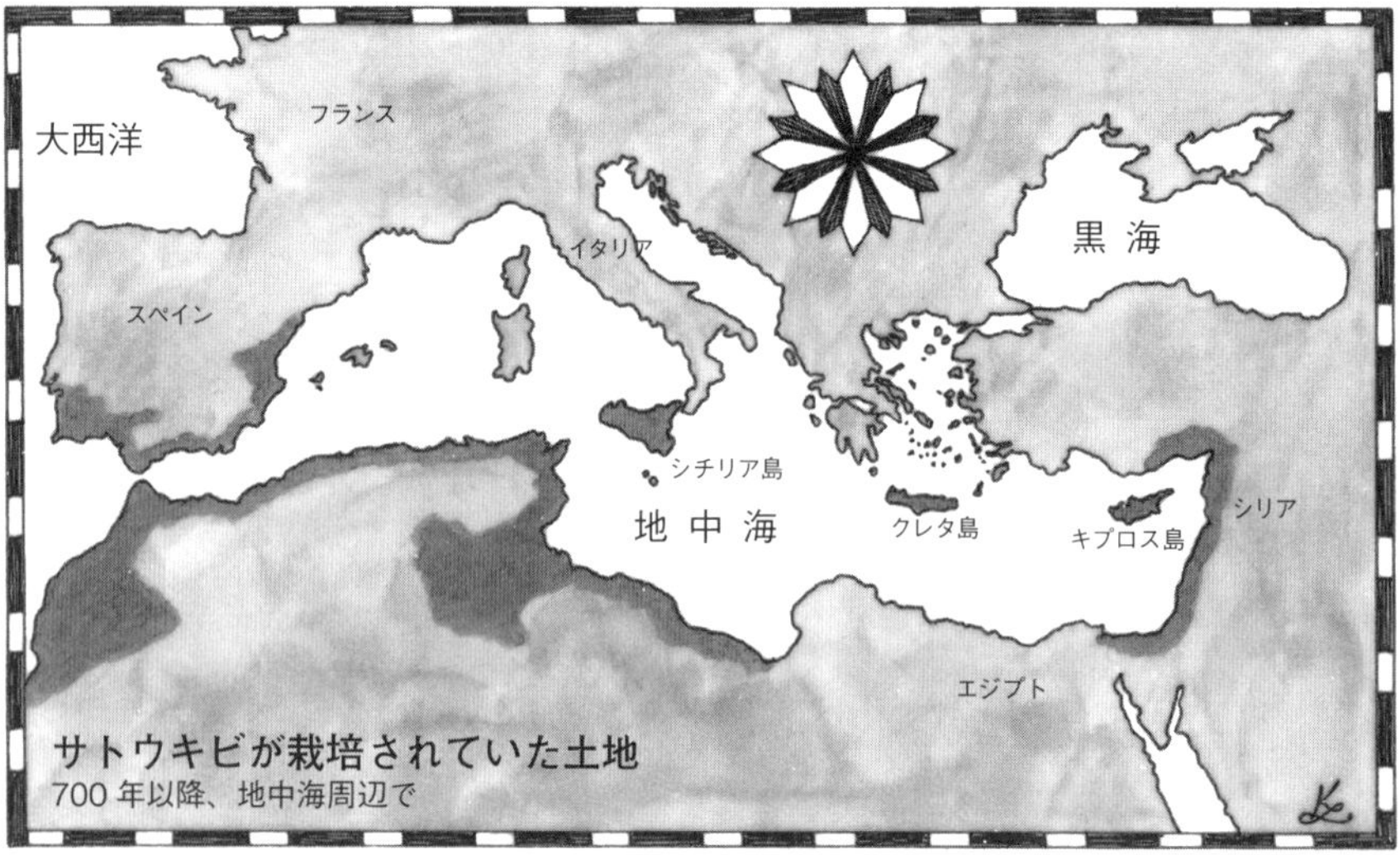

サトウキビが栽培されていた土地
700年以降、地中海周辺で

よその土地へ行こうとする者はいなかった。外の世界は遠く離れていた。それでも、富める者も貧しき者も、誰もが食べ物に香辛料を使いたがった——こうした味付けの習慣はローマ時代からあったようだ。

いまだにこの神話を載せた本が次々出てくるが、香辛料がもてはやされたのは、腐りかけの肉や魚の味をごまかすためではない。香辛料（高価なものだった）を買えるほど裕福な領主なら誰でも、新鮮な肉や魚（どこにでもある）をたやすく入手できたはずだ。それに、たとえ料理人が腐りかけの肉を材料に提供されたとしても、普通に手に入る香辛料ではそのひどい臭いや味は消せないだろう。人々は手に入る限りひんぱんに香辛料を使っていたため、コショウ、ショウガ、砂糖、サフランなどは高価な必需品となった。特別な大富豪だけが、龍涎香《りゅうぜんこう》（クジラが吐き出したものとされ、不思議な、香水のような海の味がする）など高価な香辛料を使うことができた。(10)

12世紀、とりわけ裕福なヨーロッパ人はだんだんと自分たちの食べ物に様々な味付けをするようになった。その背景には市場の普及と戦争の影響があった。フランスのシャンパーニュ地方に小さな領土を持っていた伯爵は、領内の市場へやってくる商人の身の安全を保障した。この知らせはたちまち広まり、市場は栄えた。１１５０年頃に始まった年6回のシャンパーニュの大市は、ヨーロッパ人がまわりの世界の品々を売買できる唯一の場所となった。こうして、ヨーロッパは外の世界の豊かさと味覚を知る第一歩を踏み出した。城壁に囲まれたヨーロッパがゆっくりとその門を開いた。

シャンパーニュの大市[11]

市場は1月、パリ近郊のラニー・シュル・マルヌで始まる。2ヶ月間、寒い北欧から来た商人が暖かいイタリアから来た商人と取引する。順々にさらに5カ所のフランスの都市で市場が開かれ、12月のトロワで1年が締めくくられ、そしてまた新年から同じことが繰り返される。

市場は整然と運営されていた。雨でも支障なく商売が続けられるように屋根付きの通路になっていた。地下倉庫は広く、まるで地下都市のようだった。市場では信頼できる錘《おもり》や秤《はかり》が使われ、どのように取引を実施するかについて厳密な規則があった。最初の12日間、商品は織物に限られた。織物は北欧から来た商人が買った。それから大市監視人が「片付けろ、片付けろ」と声をかけながら通りを歩き、これで織物の取引は終了となる。次は、遠くはスペインから来た皮革商人とロシアなどから来た毛皮商人が品物を台に広げる。

イタリアから来た商人はイスラム圏で仕入れた産物を並べた。オレンジ、アンズ、イチジクなどの果物、鮮紅色に染まるコチニールなどの染料、綿や生糸の希少な織物といった、当時ヨーロッパでは手に入らなかった品々だ。現在わたしたちに馴染《なじ》みのある織物の多くは、イスラム世界からヨーロッパに伝わったもので、

【左頁】現在のトルコに栄えたイスラムの覇者、オスマン帝国は精巧な砂糖細工で知られていた。1720年、トルコの画家レヴニがアメフト3世の息子の割礼を祝う場面を描いたとき、庭園をかたどった巨大な模型はすべて砂糖で作られた。模型は非常に重く、ひとつを運ぶのに18人の人手が必要だった。この絵はそのひとつを描いている。(トプカピ宮殿とヌーラン・アタソイ博士のご厚意により掲載)

名前からその原産地がうかがえる。ダマスカス原産のダマスク織り、モスルから伝わったモスリン、ガザから伝わったガーゼ。

イタリア商人は船で地中海を渡り、シリアにも行った。そこではインド南西海岸で栽培されていた黒コショウが手に入った。コショウの実を乾燥させたその小さな黒い粒は交易に最適な品物だった。当時の小さな船で運べる分だけでも結構な利益が出たからだ。コショウはインドから船でアラビア海を渡り、そこでラクダの隊商によってはるばるシリアまで運ばれた。イタリア商人は次のシャンパーニュの大市で売るのに充分なコショウ

1420年、現在のイタリアに含まれる地域にいた料理人が次のように書いている。この絵のように野生のイノシシの頭部の半分を緑色――パセリのソースを塗る――に着色し、もう半分を金箔で覆う。中世の貴族は色彩や特殊意匠（別のものに見せ掛けた食べもの）、香りをふんだんに使った料理を好んだ。香辛料は高価で神秘的な東洋から運ばれ、だからこそ貴族の晩餐にはなくてはならないものだった。砂糖はとりわけ珍しくも高価でもなかったが、香辛料として扱われた。この写真は中世の調理法を忠実に再現した現代の書籍に載っていたもの。（クロード・ウイゲンス氏のご厚意により転載）

をシリアで買い入れた。高価な黒コショウで味付けされた料理を食べていた領主は誰でも、その香辛料が遠い異国から運ばれてきたものであることを理解していた。だが、フランスの作家ジャン・ド・ジョアンヴィルはイスラム世界で暮らした経験があるにもかかわらず、1300年になってもまだ、これらの香辛料がナイル川の近くにある「エデンの園」の端で採れたものと信じていた。そこでは、人は「夜、川に網を投げ入れておく。そして朝になるとショウガやルーバーブ、アロエの木、シナモンなどが網にかかっているのだ」

市場では果物や香辛料の山の隣に、これまたイタリア商人がイスラム圏で仕入れてきた薬が積まれていた。砂糖だ。「素晴らしい白い砂糖……適量を服用すると血液が浄化され、心身を強くし、特に胸や肺、喉によい」と、16世紀にある医者が記している。ただし、同医師は「歯がもろくなり、ぼろぼろになる」とも指摘している。

砂糖は市場に到着するまでに多くの人の手を経ていたため、値段が高く、手に入りにくいものだった。たとえば、イングランド王ヘンリー3世は砂糖が大好きだった。だが、その彼でさえ思う存分味わうことはできなかった。1226年、彼は1・3キロ分の砂糖を現在の価値にして450ドルで購入できないか、と関係者に手紙を書いている。後日、追加でさらに2キロ入手できないかと代官に働きかけている。そして、ついに1243年には136キロの砂糖をなんとか買い入れることができた[12]。

シャンパーニュの大市は14世紀に衰退した。その頃、イスラム世界とヨーロッパとの交易はヴェネツィアが支配するようになった。ヴェネツィア人は砂糖の取引を大きく広げたため、ヘンリー

フランスの画家ロビネ・テスタールが1490年頃に描いたこの絵では、人々がエデンの園から流れ出る川でアロエを採っている。アロエは東南アジアと東アジアに生育していたため、ヨーロッパ人はそれについてほとんど無知だった。そのためショウガやシナモンと同じく、アロエは楽園から流れてくるのを集めるものと思い込んでいた。現代の香のように、香辛料には神秘的で霊的な性質があると信じられていた。(サンクトペテルブルクのロシア国立図書館)

３世の治世から１００年後、イギリス人は毎年数千キロの砂糖を買い入れることができた。おそらく人々が砂糖を欲しがるようになったのは、ヨーロッパ人が別のルートでも砂糖の味を知ったからだ。つまり、戦争を通してだった。

戦争で知った甘味

聖書によると、イエスは現在イスラエルとなっている土地に生き、没した。キリスト教はその土地と地中海周辺の都市で生まれた。しかし、イスラム教の隆盛と拡大により、それらの聖地はキリスト教徒のものではなくなった。１０９５年、ローマ教皇ウルバヌス２世は、西ヨーロッパのキリスト教徒に呼びかけ、聖地奪回という崇高《すうこう》な使命に旅立てと鼓舞した。これがいわゆる十字軍の始まりだ。血みどろの凄惨《せいさん》な戦いで、中東には今もその傷跡が残っている。だが、十字軍はただの戦争に終わらず、情報交換の役目も果たした。ヨーロッパ人はイスラム教徒と接触した結果、閉ざされていた世界から徐々に抜け出していった。数学を学び、ある学者によれば、風車の作り方も知った。強力な風車のおかげで、ヨーロッパ人は沼地を干拓し、以前は放棄されていた土地を活用できるようになった。耕作地が増え、そのおかげで食料が増産できた。イスラム教徒がもっていたこの知識により、ヨーロッパは自分の足で立つことができた。そして、イスラム教徒との戦争は、ヨーロッパ人に砂糖を教えた(13)。

聖地を目指す途上、キリスト教徒は「平民が〝ハチミツの茎〟と呼ぶ、葦に似た、熟した植物を知り……ハチミツの味がするので、腹が減るとそれを一日中噛《か》んでいた」

キリスト教徒はイスラム教徒から奪い返した土地を長くは保てず、十字軍は失敗に終わった。だが、キリスト教徒は地中海のシチリアやキプロス、ロードスなど肥沃な島々を征服した。そして、それらの島々で、イスラム教徒から仕入れた知識を活用し始めた。サトウキビの栽培法や製糖技術だ。それは非常に貴重な知識だった。なぜなら、サトウキビを育てるのは簡単だが、そこから砂糖を作るのはとても難しかったからだ。

サトウキビの難点

大量の砂糖を作るに際して、サトウキビにはふたつの問題があった。時間と火の問題だ。サトウキビの茎にナイフを入れると、たちまち中の甘い部分が硬くなり、木化する。どうやら48時間以内——理想は24時間以内——に煮沸用の釜に入れなければ、刈り取った茎は台無しになるらしい。本当にそんなに急ぐ必要があるのかどうかはわからないが、サトウキビ農園主はそう思い込んでいた。彼らは単純に金儲けのことを考えていたのかもしれない。サトウキビは刈り取るとすぐに乾き始める。茎の束は重く、嵩張《かさば》り、運ぶのはたいへんだが、粒状の砂糖なら樽《たる》に詰めて船で運べる。サトウキビはその状態で積んでおく限り金を失うが、いったん砂糖にしてしまえば、

1623年頃のこの絵は、奴隷が砂糖作りに必要な作業を行っている様子を描いている。炎天下で、彼らはサトウキビを収穫し（右上）、刈り取った茎を束ね（手前右）、圧搾機に運び（右）、回転する輪の下で茎をつぶし（左中央）、汁を煮詰めるため大釜に注ぐ（手前左）。それから砂糖の結晶をひしゃくですくって壺に入れて冷ます（左中央）。実際の圧搾機はこんな形状ではなかったはずだ。この絵は、砂糖作りの一連の作業がひとめでわかるように描かれた。（アメリカ議会図書館）

自然に金になる。農園主にとってはまさしく「時は金なり」だった。[14]

砂糖を量産する唯一の方法は、ある方式を採用することだった。労働者の大群が畑に出て一斉にサトウキビを刈り取り、束ね、運び、圧搾機《あっさくき》にかけ、流れ出た汁を煮詰める。煮詰める作業は昼夜を問わず行われ、甘い汁が甘い砂糖に変わるまでアクを取りながら煮続ける。これは「ハチミツ時代」に何千年も人々が行ってきた農耕とは違う。どちらかというと工場労働に似ていた。おおぜいの人々が協調してそれぞれの工程を正確に、時間通りに行わなければならない。さもないとすべてが台無しになる。

イスラム教徒は砂糖を扱う新たな農業形態を考え出した。これがのちに砂糖プランテーションと呼ばれることになる。[15] プランテーションは新技術ではない。作物の植え付けから育成、刈り取り、精製までを一貫して行う新しい方法だ。普通の農場は牛や豚、鶏を飼育したり、穀物畑や果樹園を管理したりして、食べたり売ったりする様々な食料を生産している。対照的に、プランテーションにはひとつの目的しかない。ひとつの製品を生産するだけだ。栽培し、すりつぶし、煮詰め、乾燥し、遠く離れた市場へ売る。人間は砂糖だけでは生きていけないので、プランテーションの作物はそれを収穫する働き手の食料にはならない。人類史上、こんな農業の形態はそれまでなかった。何千キロも離れた買い手のたったひとつの欲求を満たすために考え出された仕組みだ。

プランテーションには少ないところで50人、多いところでは数百人もの労働者がいた。圧搾機は畑の脇にあり、栽培と圧搾が同じ場所で行えるようになっていた。作業のすべては規則正しく進むよう、厳しく管理された。イスラム教徒はこの新しい農作業のために手順をまとめ始めた。

彼らもキリスト教徒も、プランテーションを運営するために、試しに自分たちの奴隷を使ってみた。最初、地中海地域の砂糖プランテーションで働いていたのはロシア人か戦争捕虜だった。だが、この綿密に工夫された方式でも、砂糖作りのふたつめの問題は解決できなかった。

サトウキビの汁を入れた大釜を煮続けるには大量の薪《まき》が必要だ。（のちに、汁を絞《しぼ》り取ったあとの茎を燃料にすればいいと農園主は気づく）。サトウキビ栽培に適した肥沃《ひよく》な土壌で、砂糖を簡単に遠方へ出荷できる海か川の側にあり、しかも燃料の薪が楽に調達できる森が近いなど、地球上にそんな都合のよい土地はあまりない。大量に収穫して精製するという労力の問題は解決できても、汁を煮詰めるために必要な森林はそんなに簡単には手に入らなかった。

15世紀、スペインとポルトガルは競い合ってアフリカ大陸沿岸を進み、アジア航路の発見に躍起《やっき》になっていた。それが見つかれば、ヴェネツィアやイスラムの仲介者に高額な代金を払わずに直接好きなだけ貴重な香辛料を購入できる。航路を探していたスペインとポルトガルの船乗りはカナリア諸島とアゾレス諸島を征服した。やがて彼らはそれらの島々でイスラム方式の砂糖プランテーションを開始した。農園によっては、近くのアフリカから買い入れた奴隷を働かせていた。ある船乗りは「白い金《ホワイト・ゴールド》」[16]、つまり砂糖を取り扱っていたため、これらの島々に特に詳しかった。そして、アジアを目指して2度目の航海に出たとき、船にカナリア諸島のゴメラ島でとってきたサトウキビを積んでいた。

その男の名はクリストファー・コロンブスといった。

第2章
地獄

地獄へようこそ。

カリブ海のある島では早朝からアフリカ人奴隷が――何百人も――畑仕事に駆り出され、雑草を抜いたり、丈高い乾いた草を燃やしたりしている。腰をかがめたまま作業し、短くて丈夫な草のせいで手はたこだらけ、煙が目にしみる。馬に乗った監督がそばで目を光らせ、鞍には革の鞭《むち》を留めて用意している。

コロンブスがイスパニョーラと名付けた島（現在のハイチとドミニカ共和国）に持ちこんだ植物は根付いてよく育った。たちまち島中に砂糖プランテーションが開かれ、「白いゴールドラッシュ」が始まった。新世界で奴隷を使って砂糖プランテーションを始めれば一財産できると考えるヨーロッパ人が増えた。サトウキビ栽培は最初、イスパニョーラ島で大流行した。近くのメキシコのアステカで金が発見されたという噂《うわさ》が広がると、スペイン人は農園に興味をなくした。その代わり、別のヨーロッパ人が砂糖で一儲けしようとやってきた(1)。

ヨーロッパ人はブラジルを次の砂糖の中心地にした（カトリックのポルトガル人とプロテスタントのオランダ人が覇を争った）。次にイギリス人がバルバドスを砂糖の島に変えた。そして、フランス人が肥沃なイスパニョーラ島にあらためて目をつけた。サトウキビ畑が増えるにつれて、サトウキビを圧搾する工場ができ、砂糖を出荷する港が開かれ、多くの奴隷がプランテーション

大西洋を渡る砂糖

新大陸の砂糖プランテーション
砂糖が主要産物となった時期

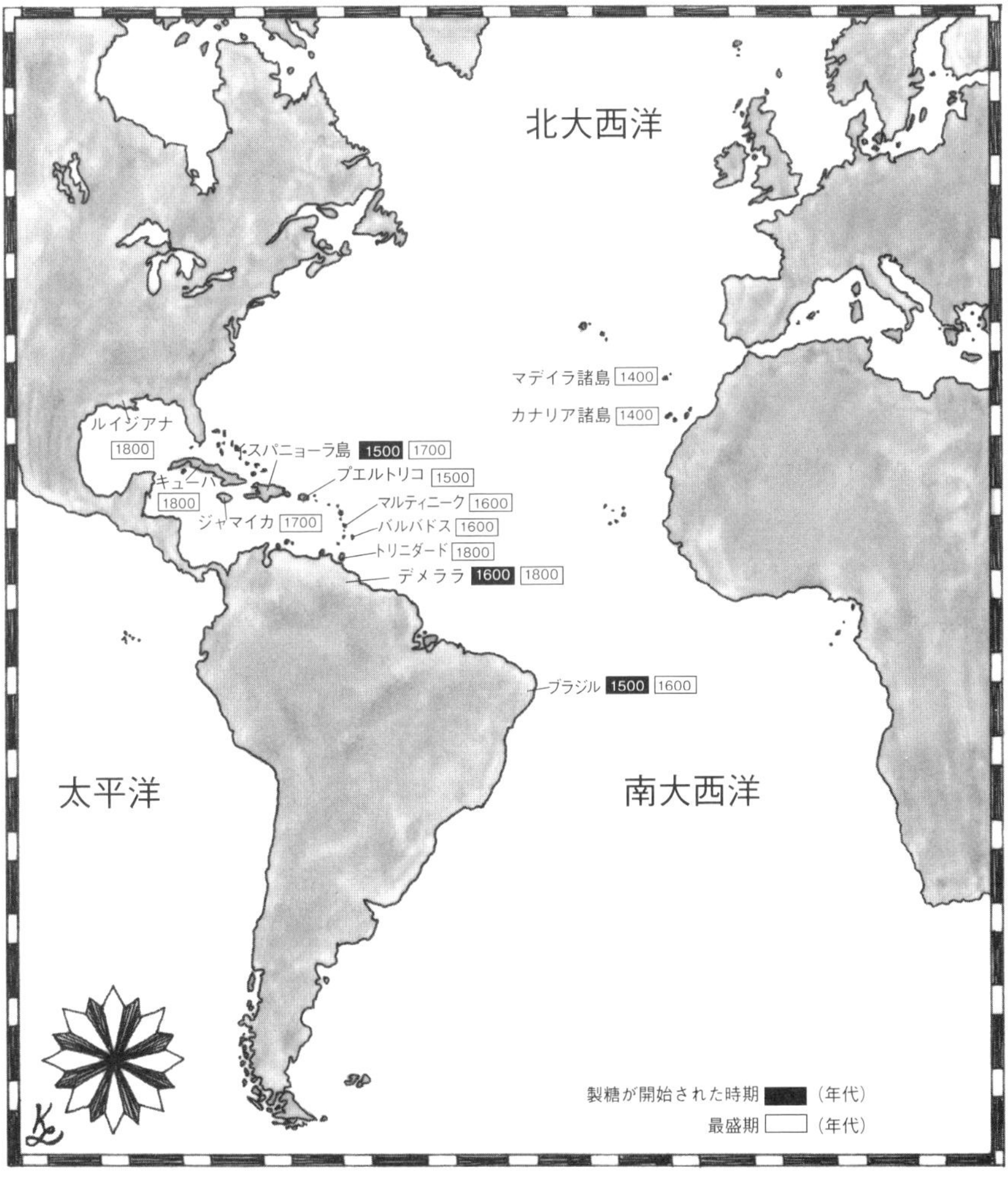

の労働のためにアフリカから連れてこられた。

最初のヨーロッパ船がブラジルに着いたのは1500年――それは偶然のできごとだった。ポルトガル人、ペドロ・カブラルは香辛料を買い付けるため、アフリカ大陸をまわり込んでアジアを目指していたのだが、強い潮に押し流されてブラジルに着いてしまった。その強い海流はアフリカから大西洋を越えてブラジルへ奴隷を運ぶのに好都合で、それからの400年間に300万人のアフリカ人が奴隷としてブラジルへ連れて行かれた。「砂糖がなければ、ブラジルもなかった。奴隷制がなければ、砂糖もなかった。アンゴラがなければ、奴隷制もなかった」という言い習わしがあるが、まさにその通りだった。

1701年から1810年の100年間に、25万2500人のアフリカ人が奴隷としてバルバドス島に送り込まれた。面積わずか430平方メートルのこの島は、現在世界最小国のひとつに数えられる。イギリス人はその後、さらに砂糖の島の征服に乗り出し、手始めに1665年にスペインからジャマイカを奪った。25万2500人のアフリカ人がバルバドス島へ送り込まれたのと同じ時代、66万2400人のアフリカ人がジャマイカへ送り込まれた。このようにして、砂糖のために90万人以上が奴隷にされて大西洋を渡り、バルバドスとジャマイカへ送り込まれた。しかもこれらはカリブの砂糖生産地、いわゆる砂糖諸島《シュガー・アイランズ》のうちの2島に過ぎない。イギリス人はその後も、アンティグア島、ネイヴィス島、セントキッツ島（セントクリストファー島）、モントセラト島を奴隷と砂糖工場で満たしていった。同じ理由でオランダ領ギアナも奪い取った。

イギリスが砂糖で儲けているのを見たフランス人は、自国が支配していたイスパニョーラ島の

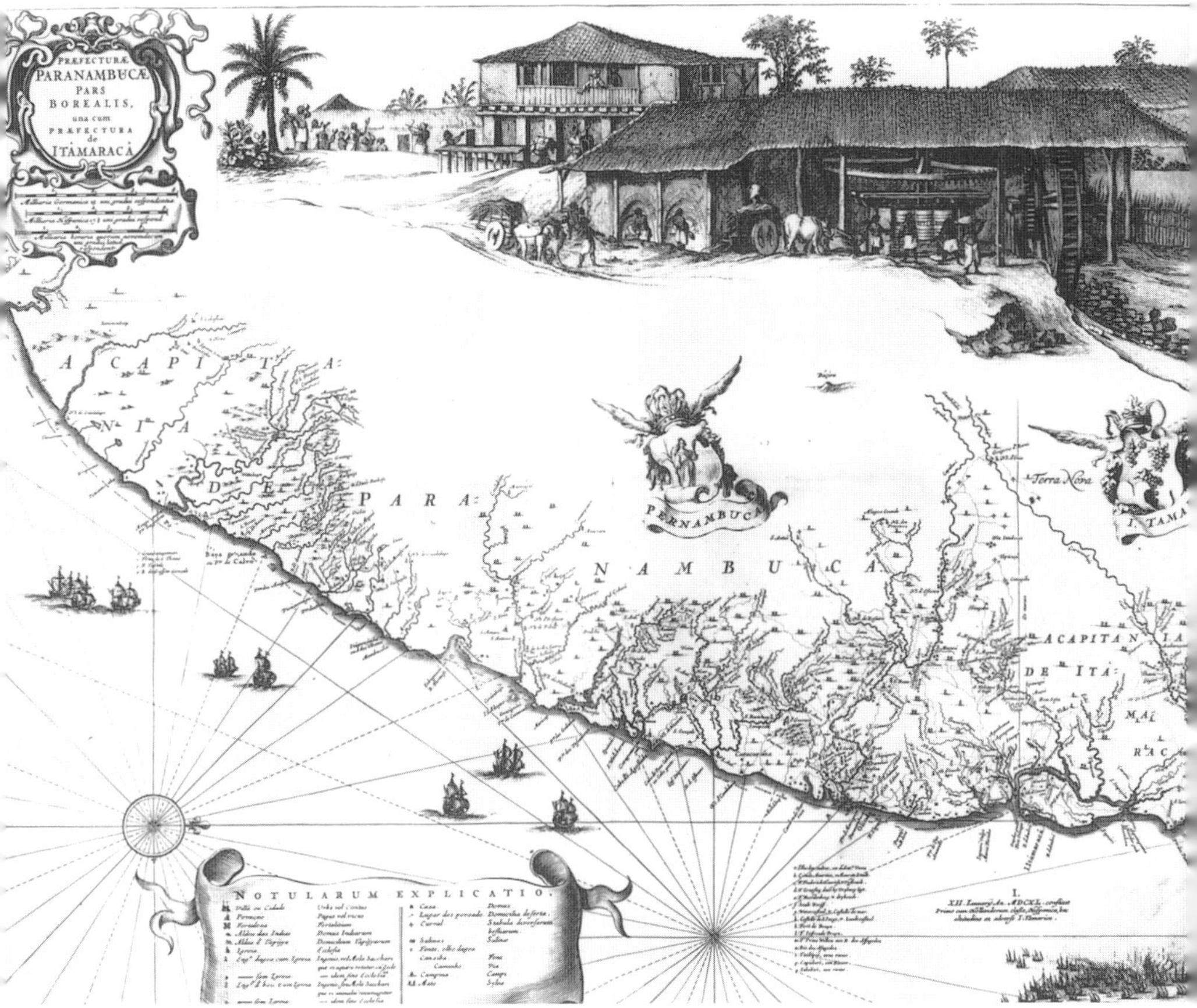

ブラジル随一のサトウキビ畑は北東沿岸部のペルナンブーコにあった。17世紀のこの地図には、港に出入りする船やアフリカ人奴隷が働く砂糖工場／圧搾場のようなものが描かれている。ペルナンブーコがオランダ領だった1640年には、アムステルダム向けだけで12トンの砂糖が出荷された。ポルトガルがこの地域を奪い返すと、オランダ人は砂糖作りの知識を携えてカリブ海地域に逃れた。ユダヤ系オランダ人のなかにはニューヨークへ逃れた者もいて、その都市に最初のユダヤ人社会ができた。オランダとポルトガルがペルナンブーコをめぐって戦っていたとき、その機に乗じて多くの奴隷が逃亡し、パルマレスという独自の王国を築いた。（アメリカ議会図書館）

半分（現ハイチ）でさっそく砂糖生産に乗り出し、続いてマルティニーク、グアドループ、フランス領ギアナ（オランダ領ギアナに近い南米海岸にある）を自国の砂糖植民地に変え、そこにおびただしい数のアフリカ人奴隷を送り込んだ。１７５３年までには、イギリスの船は年平均3万４２５０人のアフリカ人奴隷を輸送していたが、１７６８年にはその数は5万３１００人に増えている。

農園近くの船着き場に砂糖がうずたかく積まれているという状況は、それまでなかったことだった。本物の甘さ、純粋な喜びが大衆でも手に入るほど安い。科学者によれば、人間は誰でも、塩味や酸味、混じり合った味を好きになるには慣れが必要だという。だが、わたしたちは生まれつき甘味を求める。サトウキビは人類史上、その欲求を完璧に満たす初の産物だった。そして、アフリカ人奴隷の苦痛に満ちた生活から砂糖が大量に生産され、純粋な甘さが世界中に広がり始めた(2)。

17世紀から19世紀にかけて、砂糖はヨーロッパ、アフリカ、アジア、南北アメリカの全経済を結びつける原動力となった。「砂糖時代」が本格的に始まったのだ。そして、砂糖は世界を変えた。その勢いはこれまでに歴史に登場したどんな支配者も、帝国も、戦争もおよばないほど絶大だった。

死と甘さのサイクル

砂糖作りに駆り出された数百万のアフリカ人は読み聞きができなかった。ただ黙って働きさえすればいいのだから。１７４５年に生まれ１７９７年に没したとされるオラウダ・イクイアーノは、砂糖作りのためにアフリカからバルバドス島に連れてこられたと述べている。彼は読み書きを習い、生涯を振り返って自伝を書いた。イクイアーノはバルバドスに到着して砂糖農園主に売られそうになったときのことを記している。(3)

わたしたちはすぐに商人の集積所に連れて行かれ、羊の群れのように囲いの中に入れられた。合図（太鼓を鳴らすなど）があると、奴隷が閉じ込められている集積場に買い手たちがなだれ込んできて、いちばん気に入った群れを選ぶ。(4)

イクイアーノは痩《や》せていて病弱だったため（賢くて有能でもあったが）プランテーションには売られずにすんだ。したがって、彼の言葉をたどって、アフリカからカリブの砂糖諸島までの道のりを知ることはできるが、その回想は畑まではおよばない。つまり、アフリカ人たちの声を直接聞くことはできないのだ。彼らの物語を知るために、彼らが何をしていたか、その生活がどのように砂糖に支配されていたかを、まず見ていこう。

アフリカ人にとって、カリブ海に送られようが、南米に送られようが、砂糖作りの仕組みに入れられることは間違いない。そして、船がどこに着こうが大差なかった。ブラジルの肥えた畑かもしれないし、ジャマイカの丘陵かもしれないが、いずれにしろ砂糖生産という残酷なサイクルのなかで労働を強いられることに変わりなかった。

地形が特に岩だらけでも急勾配でもない限り、あなたは奴隷の群れのひとりとして畑に出て、牛に鋤《すき》を引かせて土を耕す。それより荒れた土地では深さ13センチ、1・5メートル四方の地面を均《なら》す作業に追われる。それから、均した地面にサトウキビの苗を植えるための穴を掘る。休みなく、すばやく行わなければならない。あるフランス領の島では、1時間に少なくとも28個の穴を掘ることになっていて、達成できなければそばで見張っている監督に鞭打たれる。この骨の折れる労働の目的はただひとつ。それに触れる労働者の命をことごとく奪う植物を植えるためだ。イクイアーノが説明しているように、砂糖奴隷は日中の作業を終えてもまだ休めなかった。

彼らがわずかな休息をとる小屋は、本来ちゃんと屋根があり、乾いた場所にあるべきだが、たいていは屋根もない小屋で、じめじめした場所にあった。そのため、この哀れな人々は畑での過酷な労働に疲れて帰ってきても、その不快な状況で湿気にさらされていたため、様々な病気に罹《かか》った。

コラム◉球面貿易(5)

1750年代にニューヨークのビークマン通りを行くと、ジェラード・ビークマンの食料雑貨店が目に入る――通りの名は彼の一族の名から来ている。店の棚にある商品を見れば、砂糖が様々な方法で世界を結びつけていたことがわかる。ビークマンや彼の同業者たちは、小麦粉やパン、トウモロコシ、塩漬け肉、材木などを船に積んでカリブ海へ出荷していた。そして、砂糖、ラム酒、ライム、ココア、ショウガを積んで帰ってくる。じつに単純な話だ。だが、大西洋沿岸を行き来するこの交易は、これよりはるかに広大な世界システムの一部に過ぎなかった。

学校では「三角貿易」と習う。ヨーロッパで織物や服、素朴な工業製品を積んだ船がアフリカに向かい、そこで積荷を売って人間を買う。奴隷にされた人々は大西洋を越えて砂糖を作る島々へ運ばれ、そこで砂糖と引き替えに売られる。それから船は砂糖を北米に運び、砂糖はそこで売られるか、ラム酒に加工される――船長はそれをヨーロッパに運ぶ。だが、この単純な三角形――実際には長方形に近いが――は、大いなる誤解だ。

たとえば、ビークマンの商売はヨーロッパを完全に抜きにしても成り立つ。北米のイギリス植民者は、砂糖諸島で売れる食料や材木を船に積んでニューヨークやニューイングランを出航し、目的地に着いたら積荷を売った金で砂糖を買って戻ってくればいい。それから、その砂糖をイギリスの織物や服、素朴な工業製品と交換する、あるいはラム酒を直接アフリカに輸送し、砂糖諸島で売るための奴隷を買う。イギリス、北米、フランス、オランダ各国の船は、競ってカリブのプランテーションに必需品を売り、彼らの砂糖を買い入れていた。大西洋を往来していたこれら多くの船も、世界貿易という大きなシステムの一部に過ぎなかった。

アフリカ人を奴隷として売っていたアフリカ人は、代金にインド製の織物を求めた。実際、歴史学者の調査によると、ヨーロッパからアフリカに向かう船の積荷のおよそ35パーセントはインドの産物だったという。ヨーロッパ人がインドの布地を買うには何を持っていけばいいか？　スペイン人はボリビアの鉱山から採掘した銀を積んでフィリピンのマニラに行き、そこでアジアの産物を購入していた。イギリスやフランスの海賊がスペイン船から多少でも銀を強奪できたら、それはアジアの布地を買うのに好都合だった。このように、イギリス人がお茶に入れる砂糖を買うための奴隷を買うための織物を手に入れるため、スペイン人は銀を積んでフィリピンに向かい、フランス人、イギリス人、オランダ人はインドを目指して東へ向かった。わたしたちが「三角」と呼ぶものは、実際は地球のように丸かった。

次は茎を植える役の出番だ。鋤《すき》で掘り起こした溝や穴にサトウキビの挿《さ》し穂《ほ》を突き刺し、埋め戻していく。挿し穂が根付いて、芽が伸びてきたら、今度は草取りの集団が畑に入る。

草取りの仕事は根元の雑草をていねいに取り除いていくことだ。そうしないと、養分が奪われてサトウキビの成長が妨げられるし、害虫が寄ってくる。雑草を取って畑をきれいにしておく仕事は、サトウキビの成育中、日に3回も行われ、とりわけきつい労働だった。草取り役は１日10時間から14時間かがんだまま、節くれだったサトウキビの根元の雑草を鍬で取り除いていく。野ネズミが足元を走りまわり、鋭い葉で手首や腕に擦り傷ができても手を休めることはできない。野ネズミはそこらじゅうにいた。ジャマイカではひとつのプランテーションで、わずか6ヶ月のあいだに３０００匹が駆除されたという記録がある。

草取りは力仕事ではないので、たいてい女子供や病弱な男が駆り出された。砂糖の島では、この集団を「飼育豚隊《ホグミート・ギャング》」〔集めた雑草は豚の餌だった〕と呼んだ。除草にはこれよりも危険で徹底的な方法もあった。火を使うのだ。邪魔な草が茂っているところに火をつけるのだが、火は制御するのが難しく、強風にあおられる――あるいは痛めつけられた奴隷の怒りが爆発する――危険もあり、すると勢いよく炎が上がり、たちまち畑全体が猛火に包まれた(6)。

運がよければ専門職となる機会を与えられ、サトウキビの生育状況を見守り、いつ熟すか、いつ刈り取ればいいかを見極める方法を教えられる。専門的な知識を身につけても奴隷は奴隷だ。自由の身にはなれないし、給料も支払われない。とはいえ、奴隷のなかには、自分の知識が農園主に必要とされていることに密かな喜びを感じていた人もいたに違いない。それに、もし優秀な働き手には多少なりとも多めに食べ物や休息が与えられていたとしたら、彼らは子供をもうけて、その成長を見届けられるほど長生きした例外中の例外になったかもしれない。

サトウキビが熟すと、釜の燃料にする木を伐採するために大集団が送り出され、別の集団が伐採した木を煮沸場に運んだ。このきつい労働のあとには、いちばん重要な収穫作業が控えていた。

ブラジルでは、収穫期が近いとわかると、工場に――労働者にも――神の加護を求めて祈るために司祭が呼ばれた。祈願はいわばレースのスタートの合図だった。これから何もかもが加速する。奴隷たちは収穫が終わるまで長刃の鉈《マチューテ》を与えられた。それは彼らにとって仕事の道具だったが、場合によっては武器にもなった。収穫のあいだ、刈り取り役は苛酷な、終わりの見えない作業に耐えなければならない。なぜなら、圧搾機は毎日午後4時から翌日の午前10時まで休みなくサトウキビを絞り続け、機械を止めるのは真昼の暑い盛りだけだったからだ。奴隷たちはその18時間、絶え間なくサトウキビを圧搾機にかけられるように、充分に用意しておかなければならない。彼らは組になり、男がサトウキビを刈ると、女が12本ずつひとつに束ねた。1689年のある報告によると、各組は日に4200本のサトウキビを切って束ねる割り当てを課せられていたという。どれだけ刈るかは、圧搾機がどれだけの量を処理できるかによって決まった。刈り取り作業はその日の圧搾量を超えてはならない。そんなことをしたら余ったサトウキビが乾いてしまう。[7]

刈り取り作業は苛酷だが、次の工程は比べものにならない。収穫したばかりのサトウキビを休みなく回り続ける機械にかけて、しっかりと圧搾する。農園主は、作業中は何があっても機械を止めてはならないと命じていた。圧搾機にサトウキビを押し込む仕事はたいてい女性が担い、彼女たちは危険な作業に携わりながらも、ほとんど休憩なしだった。これは非常にまずい取り合わせだ。ローラーの傍らにはいつも斧《おの》が立てかけてあった。これは、もし奴隷が機械に茎を押し込んでいるときに一瞬目を閉じて腕が巻き込まれても、容赦ない圧搾機に体全体がつぶされる前に、迅速に腕を切断して救えるように常備してあるのだった。砂糖プランテーションを訪れた客は、片腕の人を何人見たかをよく話題にしたものだ。

　来る日も来る日も、何週間も、何ヶ月も、サトウキビは刈り取られ、圧搾機に運ばれ、ローラーにかけられた。圧搾機は圧搾するサトウキビがある限り動き続けた。シーズンは土地土地の栽培状況にもよるが、だいたい4ヶ月から10ヶ月だった。１６３０年にブラジルを訪れた人がその光景を記している。「闇夜のような肌の色をした人々が一瞬の平穏も休みもなく、忙しく働きながら同時にうめき声を上げていた。あのように混沌《こんとん》として騒々《そうぞう》しい機械を見た者は誰でも……これこそまさに地獄の有り様と言うだろう[8]」

　圧搾機から薄灰色の甘い液体が白く泡立ちながら勢いよく流れ出る。液体は木製の樋《とい》を伝って直接煮沸場に運ばれる。そこには大きな炉と釜があり、液体はそこで熱せられ、濾《こ》され、結晶化される。巨大な銅製の釜——直径１・２メートル、深さ１メートル弱——が、流れてくる液体を受け止める。釜はいくつもあり、この最初の釜のあと、順々に小さくなる釜に移される。それぞれの釜の下にはブラジル人が「大きな開いた口[9]」と呼ぶ穴があり、常に薪《まき》をくべる必要がある。薪はこのときのために前もって奴隷が木を切って運び込んでいる。煮沸は圧搾と同様に危ない作業だ。一瞬でも居眠りをすれば、煮えたぎる釜の中に落下する恐れがある。「口」の中は巨大な炎が燃えさかり、釜の上は蒸気の雲が渦巻く。その熱さは凄まじく、煮沸場は常に水を撒いていないと発火してしまう。それに臭いもあった。沸騰する液体から出る悪臭だ。絞り汁を煮ていくと、表面に悪臭のする浮きかすが出てくる。奴隷はそれを長柄のひしゃくで絶えずすくわなければならない。液体は銅製の釜で延々と煮続けられ、そのあいだに何度も濾過して不純物を取り除く。

　沸き立つ液体を見張っているのが「煮沸係[10]」だ。この役は高度な技術をもつ奴隷が務めた。煮沸係は各段階で判断し、ひとつの釜から次の釜へいつ注ぎ込むか、いつ次の段階へ進めるかを決める。正確にそのタイミングを見計らうのだ。液体が濃縮され、不純物の除去も終われば、それが「止め」の合図だ。このとき釜を火から下ろし、中身を冷まして結晶化させると砂糖の粒になる。「止め」の達人は、化学者かワイン醸造人に近く、魔術師でもあった。煮えた液体の色、臭い、感じを知り尽くし、タイミングを空気の味で見極める。

　最後に、砂糖は結晶の塊になる。だが、これで終わりではない。結晶を再び精製しなければならない。それをどれほど入念におこなうかによって焦げ茶色、薄茶色、純白など、さまざまな色に仕上がる。ブラジルでは、「作業台の母」と呼ばれる熟練の女奴隷の管理のもと、結晶を1ヶ月かけて乾燥し、価値の低い茶色の粒から純白の砂糖を選り分けた[11]。

砂糖の暮らしの脈動

砂糖農園で働くアフリカ人に、その苛酷な労働について聞き取りした人はいない。彼らはただ働いて死んでいく存在でしかなかった。しかし、彼らの声を聞く方法はある。アフリカ人は自分たちの生活の脈動、リズムを伝える音楽や踊り、歌を生み出した。（砂糖の土地から生まれた音楽は www.sugarchangethe world.com で聞ける）。プエルトリコのボンバは、砂糖労働者によって生み出された音楽と踊りの表現形式だ。これは女性と、彼女に合わせて踊る男性によるリズムに乗せた会話のようなもので、ドラムを叩《たた》く人は女性を目で追いながらその動きに合わせて叩く。たまたま近くを通りかかった農園主が彼らの踊りを見かけたとしても、そこには怒りの言葉も反乱の兆し

プエルトリコのグアニカ近辺――ジャック・デラーノがサトウキビ収穫の様子を撮影した場所――の農夫たちが休日のパーティで演奏している。音楽は砂糖労働者の暮らしや経験をさぐる手がかりになる。（アメリカ議会図書館）

【右上】クラークと同時期にマルティニーク島を訪れたフランス人画家は、アフリカ人の男女が畑を準備している様子を描いている。(アルシデ・デサリーニ・ドルビニ作、ヴァージニア大学/特殊コレクション)
【右下】ウィリアム・クラークは1830年代にアンティグア島を訪れ、砂糖ができるまでの工程を描いた。まず、アフリカ人奴隷が畑を準備する①。サトウキビの挿し穂1本に付き、1.5メートル四方、深さ13センチの土壌が必要だった②(サンクロワ・ランドマーク協会/公文書館)

③

②

図解　砂糖労働

砂糖プランテーションは農園だが、工場のように運営された。
そこでは疲れを知らぬ機械のように人間が働かされた。
砂糖労働者の日々はサトウキビによって決まり、
容赦ない作業ペースに支配されていた。
19世紀に描かれた砂糖農園の絵を見ても、
その１００年後に撮影された写真を見ても、
哀れな労働者の一団、それを馬上から見張る監督、
一連の作業工程など、ほとんど変化はない。
以下のページに、スライドショーのように
砂糖労働を絵で紹介しよう。

①

サトウキビが熟すと、誰もが収穫に駆り出された。幼い子供でもサトウキビを束ねる母親を手伝った。（サンクロワ・ランドマーク協会／公文書館）

④

⑤ 刈り取ったサトウキビは圧搾機にかける。
（サンクロワ・ランドマーク協会／公文書館）

⑥ 1849年6月9日付けの〈絵入りロンドン新聞〉に掲載されたこの絵は、圧搾作業を間近に見て描いている。手が滑ればローラーに巻き込まれる。ローラーに茎を差し込んでいる女性のそばに立てかけられた刀は彼女の命綱だ。万が一の場合、腕を切断して命を救うために用意されている。（アメリカ議会図書館）

⑦ サトウキビをすり潰した粘液状のものは煮沸場へ運ばれる。暑くて、悪臭が充満し、危険な場所だ。（サンクロワ・ランドマーク協会／公文書館）

⑧ 冷えて結晶化したら大樽に詰めて出荷され、購買欲旺盛な消費者へ届けられる。（サンクロワ・ランドマーク協会／公文書館）

⑫

OPENING THE HOGSHEADS OF MOIST SUGAR.

Safe on our shores; the Sugar still
Is only "Raw," or unrefined:
This is called "Moist." The Baker's skill,
With fire and various aids combined,
Makes of it "Lump"—crisp, crystal white,
Sweet to the taste, and fair to sight.

⑬

REFINING THE SUGAR.

How Sugar, when refined, is cool'd
In moulds of the familiar shape,
Is known to most. So having pass'd
Through many a peril, pinch, and scrape,
We find it now exposed for sale
By Grocers, wholesale and retail.

⑭

THE GROCER'S SHOP.

The Grocer's shop 's a human hive,
Of honeyed goods from many a land;
A part the grocer eats, to live;
The rest he shares with liberal hand.
The Pound of Sugar tarries here,
And waits your purchase, Reader, dear.

FINIS.

⑨

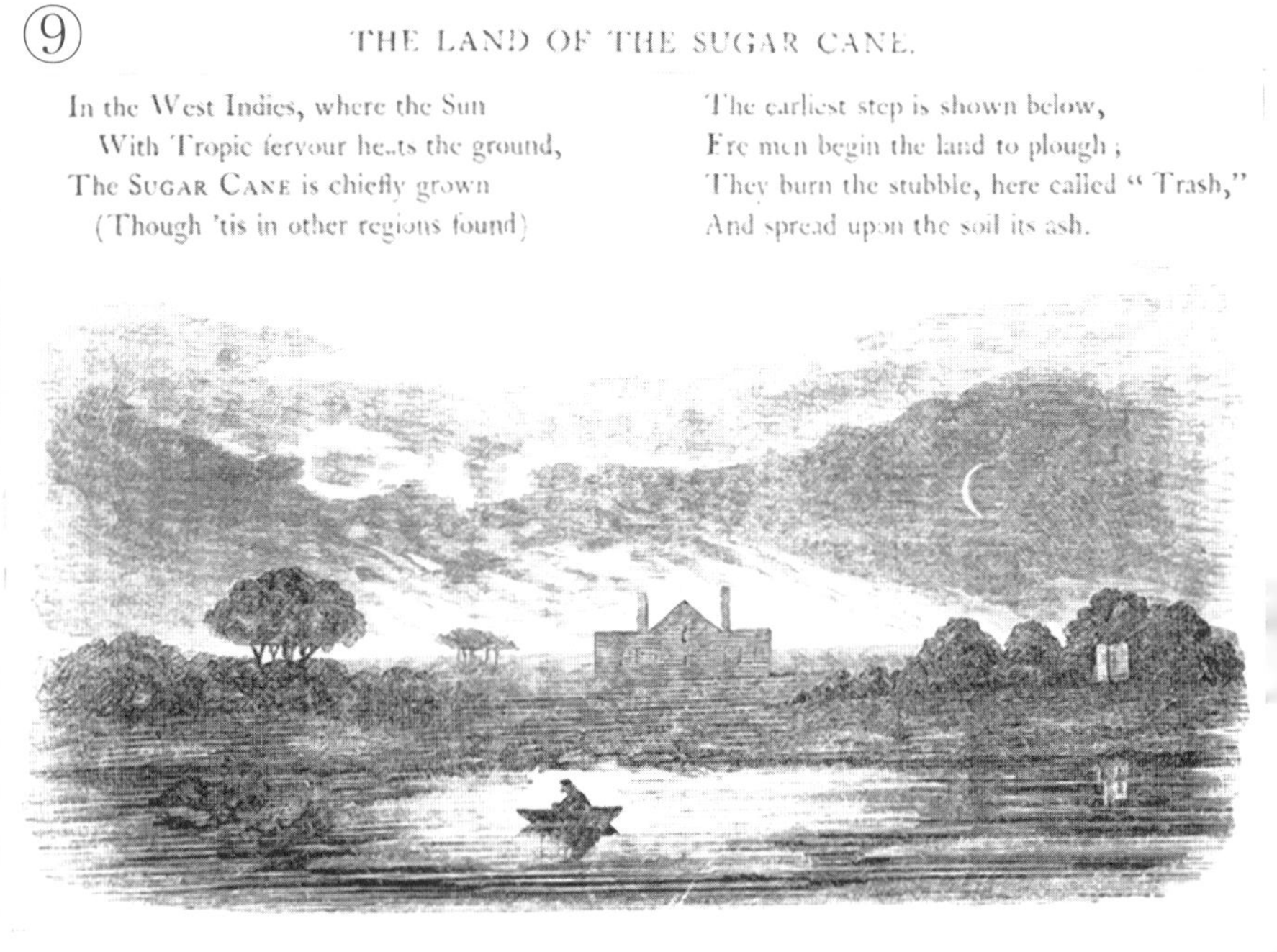

⑩

⑪

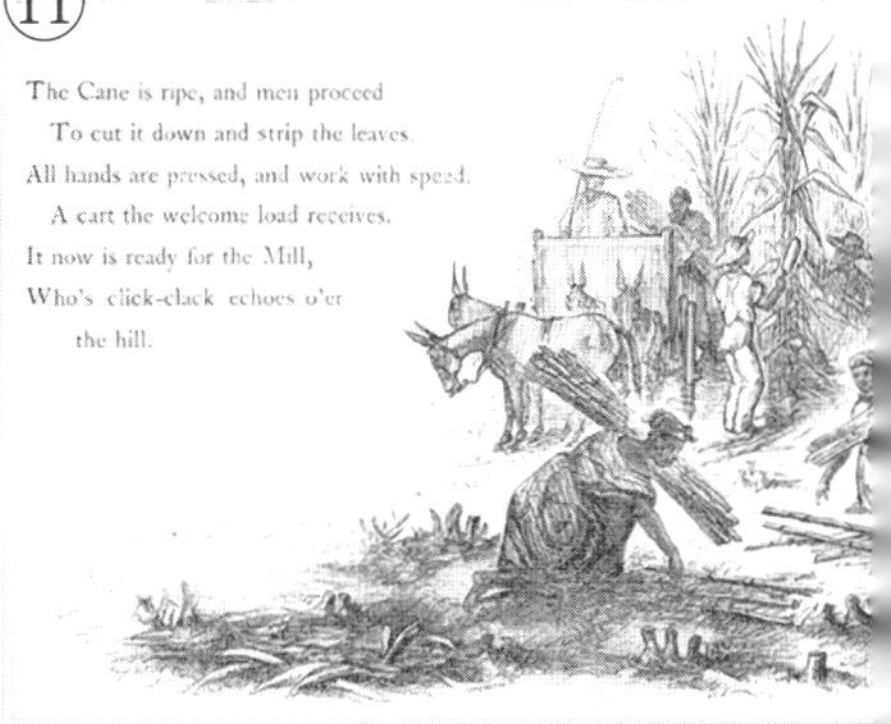

1861年にイギリスで出版された児童書『一ポンドの砂糖はどこからきたのか』には、クラークが描いたのと同様の工程が示されている。畑の準備⑨、植え付け⑩、収穫⑪、大樽を開ける⑫、砂糖の精製⑬、甘い物を売る店⑭。子供向けであるため、海の向こうから運ばれてくる砂糖にまつわる苦難には一切触れていない。（フロリダ大学／ボールドウィン児童文学歴史図書館）

同じような労働者や工程の写真をこれから数ページにわたって掲載する。

雑草を焼き払い、収穫の準備をする。プエルトリコのグアニカ近くで。（アメリカ議会図書館）［この写真は、人類学者シドニー・ミンツに協力していたジャック・デラーノが 1942 年に撮影したもの。ミンツの研究は本書の執筆を方向付けた］ ⑯

⑮

このふたりの労働者の写真は1901年、セントキッツ島で撮られた。(アメリカ議会図書館)

農園の監督は常に馬上から見張っている。プエルトリコのマナティ近く、ジャック・デラーノ撮影。⑰（アメリカ議会図書館）
長くて嵩張る茎を圧搾場まで運ぶのはたいへんな作業だ。この荷車は1917年のハワイのもの。⑱（アメリカ議会図書館）
刈り取られる間際の密生したサトウキビ。ルイジアナのニューイベリア近くで。⑲（アメリカ議会図書館）
プエルトリコのポンスでの刈り取り作業。この写真は1938年にエドウィン・ロスカムが撮影した。⑳（アメリカ議会図書館）

⑰

⑱

⑲

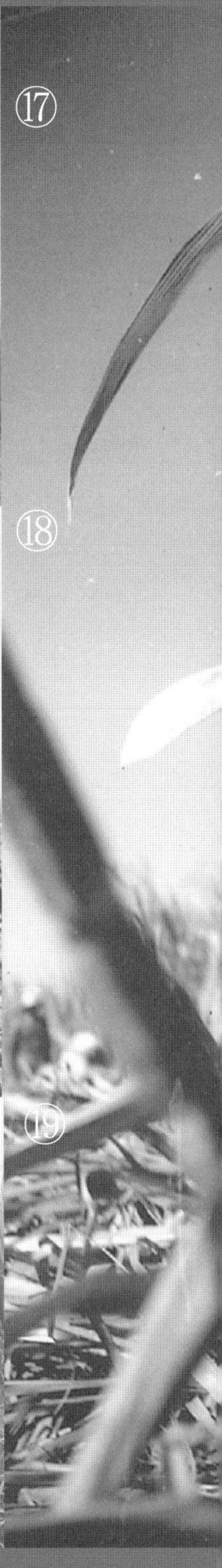

この写真は2005年にドミニカ共和国のサンホセ・デ・ロスジャノス近くのサトウキビ畑で撮影された。この子供たちやその親たちのように、サトウキビ畑で働く人々の生活は、これまで見てきた写真の生活とあまり変わっていない。労働時間は長く、賃金は安く、仕事は危険だ。そして、彼らはカロリーの多くをサトウキビから得ている。この子供たちにとって——7ページの1901年当時のふたりの少年同様——砂糖は食料であり、おやつではない。（ドキュメンタリー映画／映像製作会社 Uncommon.productions）

㉒ 煮沸場の様子。これはカリブ海地域のどこかで撮影された写真で、かすれているが、まるでシロップの熱で焦げたように見える。（アメリカ議会図書館）

㉓ ブラジルにある近代化された製糖工場。（ルアナ・リベリア・ドス・サントス）

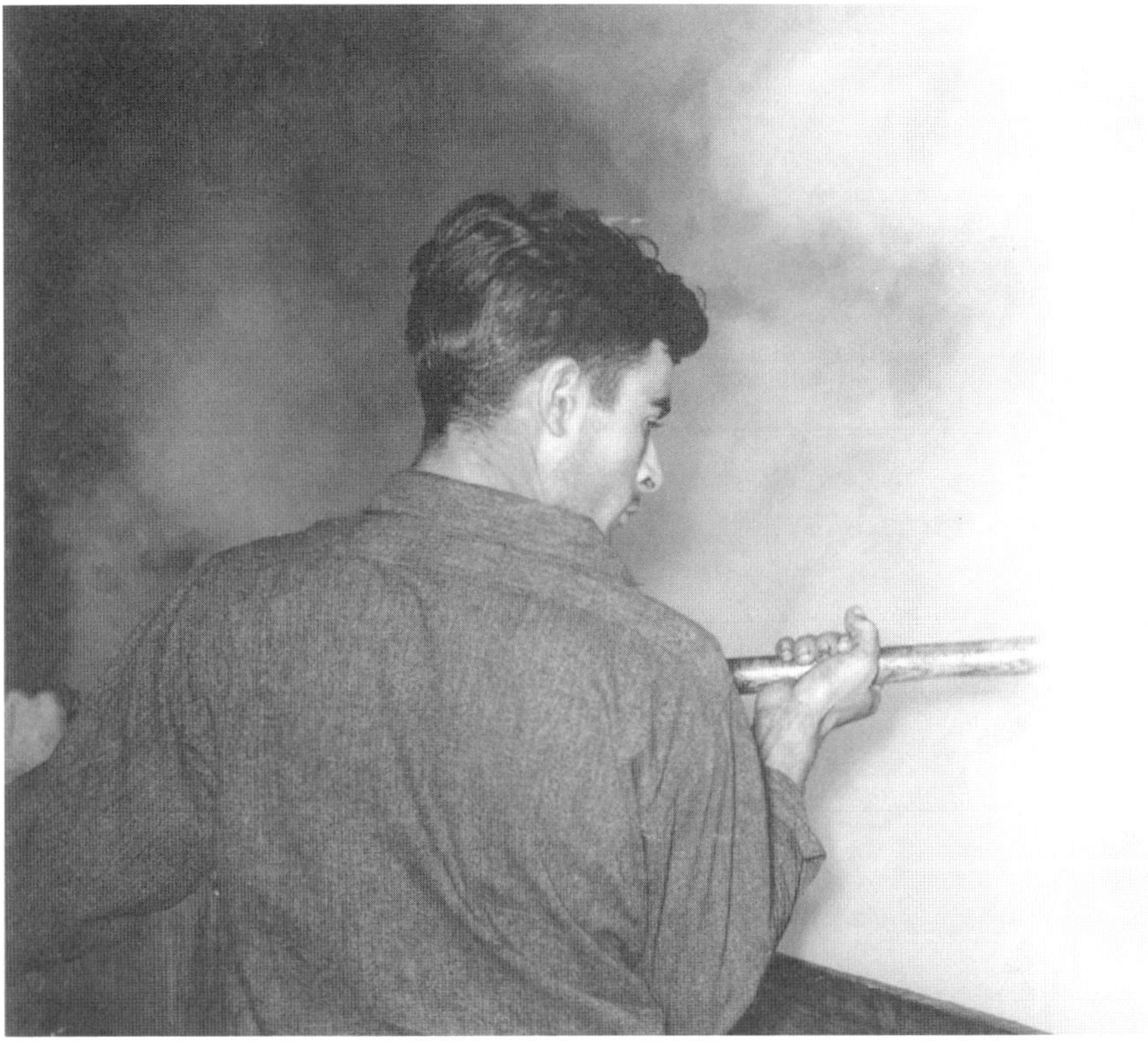

㉔ ルイジアナのニューイベリアで、もうもうと湯気の立つ釜の前いる煮沸係。（アメリカ議会図書館）

もない。だが、女はその身を揺らす動きを通して、そしてドラマーはそのビートに「声」を託して、自分たちには労力以外の意味がある、働いて死んでいくだけの身体ではないのだと訴えていた。死ぬどころか、彼らは生き生きとして、自分たちだけに通じる動きや音で会話をしていた。[12]

キューバでは、砂糖労働者はルンバの歌詞や音を通じて自分たちの物語を語った。ある歌は「ボスはわたしがドラムを叩くのを嫌がる」と言う。監督は、ドラムの音で奴隷たちが連絡を取り合い、反逆の計画を広めていると恐れたのだ。[13]

同様に、ブラジルにはマクレレという踊りがあり、その起源はサトウキビ畑にあると言う人もいる。マクレレは棒かサトウキビの茎を持って踊り、踊りという

1779年にドミニカで描かれたこの絵は棒を使った戦い（棒術）を描いている。ブラジルのマクレレのように、棒術は競技だが、奴隷の表現手段でもあった。主人に直接刃向かいはしないが、互いに技能と力を見せ合った。（アゴスティーノ・ブルニアス、ブラウン大学／ジョン・カーター・ブラウン図書館）

より戦いの訓練に見える。砂糖諸島の多くで、アフリカ人は似たような踊りを生み出した。くるくる回り、飛び上がり、互いを威嚇し、拍子に合わせて棒を打ち鳴らしては飛び退《の》くといった踊りだ。これは実際に農園主に反抗することなく、戦いのまねごとをするひとつの表現方法だった。

なかにはさらに一歩進む奴隷もいた。砂糖プランテーションから逃亡する、あるいはおおぜいで雇い主に襲いかかるなど、別のかたちで鬱憤を晴らした。こんな扱いにはもう我慢ならないと思ったアフリカ人奴隷たちは捨て身で逃げるか戦うかした。農園主にとって、彼らを押さえ込むために打つ手はひとつ。逃亡や反乱の代償をとてつもなく高くするのだ。奴隷に恐怖を植え付けるのは監督の仕事だった。

コラム◉パルマレス、逃亡奴隷の王国[14]

ズンビ——ゾンビに近い発音だが、ブラジルの多くの白人にとって、その男はゾンビそのものだった。ズンビは伯父のガンガ・ズンバ（大王）の跡を継ぎ、逃亡奴隷の国の指導者となった。ブラジルに生まれたその王国には、アフリカ人やアメリカ先住民だけでなく、白人奴隷もいて、1世紀近く存続した。ズンビは彼らにとって英雄であり、ヨーロッパ人の奴隷所有者にとっては脅威だった。いまでもブラジル人は彼を偉大な先祖と称えている。

ブラジル沿岸部の砂糖プランテーションの背後にある山岳地帯に建国されたパルマレス（〝椰子の茂る場所〟の意）は、1600年から1695年まで独立を保った。ヨーロッパ人の報告によると、作業場があり、鍛冶職人や陶器職人がいて、強固な防御をめぐらした域内には教会や集会場もあったという。

ジョン・ガブリエル・ステッドマンは逃亡奴隷と戦うために、1772年にオランダの砂糖植民地スリナムにやってきた。のちに彼はそのときの体験を記し、わかりやすく説明するために画家に挿絵を描かせた。これはそのステッドマンの本に掲載されたマルーン戦士だ。（アムステルダム大学図書館／特殊コレクション）

最盛期には2万人から3万人がパルマレスに住み、アフリカの土着信仰にアメリカ先住民とヨーロッパの風習を取り混ぜた規則や慣習が守られていた。たとえば、人々はヨーロッパの服装をして、ときどきアフリカ風の飾りをつけた。キリスト教教会で礼拝を行い、儀式ではアフリカの神々を称えた。食生活に関しては、アフリカのヤムイモにヨーロッパのスパイスや在来種のトウモロコシを加えて煮たものを食べていたと思われる。ブラジルの砂糖奴隷は誰でも、自由は遠くないところにあると知っていた。なんとかして山へ逃げてパルマレスの共同体に加わればそれがかなう。

逃亡し、農園主の支配の及ばないところで暮らしている奴隷は「マルーン」と呼ばれた。逃げ出して野生化した牛を意味する、スペイン語の「シマロン」に由来する。砂糖農園のあるところには必ずマルーンの村があり、とりわけ目立っていたのがパルマレスだった。奴隷たちはギアナの森林地帯へ、ジャマイカの険しい峡谷「コックピット・カントリー」へ、北米の湿地帯へと逃げ込んだ。農園主たちはマルーン村を潰そうと手を尽くしたが、彼らは非常に強く、守りも堅かったため、ヨーロッパ人はしまいには和平を結んだ。いくつかのマルーン村の子孫は砂糖農園主が決して攻め落とせなかった土地で現在も生きている。

奴隷の監督

トーマス・シスルウッドがジャマイカに着いたのは1750年、29歳のときだった。当時、ジャマイカにはおよそ1万7000人の白人、7000人ほどの「自由黒人」もしくは「有色人種」――ある程度の資産と法的権利をもつ混血――がいた。人口の残りの17万人は奴隷で、そのほとんどがアフリカに生まれ、奴隷として最近売られてきた人々だった。逆らったり逃亡したりする気を奴隷に起こさせないため、シスルウッドのような監督はあくまでも恐れられる存在でなければならなかった。彼の残虐性を恐れる気持ちが、自由になりたいという気持ちに勝っていなければならない。イクイアーノが記しているように「こうした監督のほとんどは、西インド諸島に生きるあらゆる人間のうち、最低の部類に属する輩《やから》だった」。それは真実には違いないが、真実の半分にしか当たらない。監督がそれほどの権力を行使できた背景には、砂糖農園主たちの不可解な生活があった(15)。

砂糖プランテーションの所有者はたいてい、熱帯のそよ風が吹き抜ける丘のてっぺんに「グレート・ハウス」と呼ばれる大きな館を建てた。窓を開け放てば天然のクーラーになり、酷暑の日々でもいくらか快適に過ごせた。高い天井の涼しい部屋には磨かれたマホガニー製の家具が置かれ、召使いたちが本館と別棟の厨房《ちゅうぼう》のあいだを忙しく行き来した。このようなグレート・ハウスは注目を浴びるため、富と権力を象徴するためのものだった。プランテーション所有者はいわ

ジェイムズ・ヘイクウィルがこのジャマイカのグレート・ハウス、「カーディフ・ホール」を描いたのは1825年。屋敷は丘の上にあり、風通しがよく、農園主は自分の敷地を一望できた。だが、農園主たちは普通、充分な金ができるや否や、グレート・ハウスを残してイギリスに帰国した。（ジェイムズ・ヘイクウィル『風光明媚なジャマイカ島をめぐる』、大英図書館）

ば神か王のような存在であり、自分の砂糖帝国に君臨した。

奴隷が何百エーカーもの広大なサトウキビ畑で汗水垂《た》らして働いているあいだ、グレート・ハウスでは農園主がバルコニーでゴム長靴を脱ぎ、特製の椅子に足を載せて座り、ラムベースのカクテルを前にくつろいでいた。家具調度類ばかりでなく日々の生活を快適にする品々もすべて海外から取り寄せたものだ。銀製品、絹地張りの椅子、純白の洗礼式用のドレス、陶器の洗面ボウルなどがそろっている。

今日でも、カリブ海地域のあちこちの丘の上に砂糖プランテーションのグレート・ハウスが見られるが、奇妙なことに、その大邸宅を建てた所有者はほとんどそこを留守にしていた。砂糖農園主は金ができるとすぐに家族を連れてヨーロッパに帰った。ジェーン・オースティンの『マンスフィールド・パーク』など、19世紀のイギリスの優れた小説にはこうした不在農園主が出てくる。[16] イギリスの屋敷に戻り、帳簿を通してカリブの砂糖農園の経営状態を管理するのだ。主人がヨーロッパで豪勢な暮らしを享受《きょうじゅ》しているあいだ、農園の日々の運営は監督に託される。監督になるのは成功を夢見て新世界にやってきた貧しい男たちで、彼らは奴隷には一切の哀れみをもたなかった。

シスルウッドは早い時期に恐怖による支配を学んだ。逃げた奴隷をつかまえた主人が奴隷を鞭打ち、傷口に唐辛子《とうがらし》、塩、ライムを擦《す》り込むのを見た。このような残虐行為はジャマイカでは日常茶飯事だった。シスルウッドはそれを「ピクルスにする」と呼び、たびたび自分でも行った。実際、主人たちは人間性の境界をあっさり越えるような、もっとおぞましいことをした。シスルウッドはそれを目の当たりにして学んだ。この奴隷には罰を与える必要があると判断すると、彼は拷問の新しい手法を試した。たとえば、ある奴隷を罰するために「猿ぐつわをはめ、手を縛り、体中に糖蜜を塗り、裸で外に放り出して日中は蠅《はえ》がたかるままに、夜は蚊に刺されるがままにした」。[17] だが、これでもまだ最悪ではなかった。

シスルウッドがもし誰かを気にかけていたとしたら、それは女奴隷のフィッバーだ。彼女と長年一緒に暮らし、遺言で彼女を自由の身にした。だが、彼は男女を問わず自分の支配下にある奴隷に絶大な権力を行使した。合計138人の女奴隷と関係を持ったと自分で言っている。これについては女性も、その夫も、兄弟も、両親も何もできなかった。このような関係は砂糖プランテー

農園主が住む気もないグレート・ハウスを建てるいっぽう、奴隷はひと部屋に収まる生活を送っていた。1823 年のこのジャマイカの奴隷の「家」は、奴隷制度を擁護する本の挿絵として描かれ、そのため意図的に清潔でこざっぱりした平穏な光景に仕上げられている。（クリンリック・ウィリアムズ『1823 年、ジャマイカの旅』、大英図書館）

ションにつきものの現実の悪夢だった。主人は何でも自分のしたいようにできる。奴隷は逆らえない。これが砂糖の「地獄」の本質だった。

イクイアーノによれば、奴隷たちはたまに「草（サトウキビ）」を自分たち用にとっておくことができた場合、それを市場に売りに行った。だが、「そこへ白人がやってきて金も払わずに奪っていく、それがいつものことだった」[18]。奴隷に権利はなく、主人には怖いものなしだった。もっとひどいのは、わずかばかりの金を稼ごうとしていた女たちを白人の男たちが襲うことだった。女たちは「貧しく、惨めで、無防備」だった。

砂糖プランテーションは「地獄」だ。なぜなら、奴隷が休みなく働かされるから。多くの危険をともない、怪我《けが》のもとだから。

奴隷が首を鎖につながれ、主人が鞭を持っているこの絵は、カリブ海地域の砂糖プランテーションの実状をとらえている。このリトグラフは1700年代後半、ドイツの画家フリードリヒ・カンペによって制作されたものだが、暗に別のことも主張しているように思える。奴隷は肉体的に強そうで、人間らしく描かれている。主人は青ざめて血の気がなく、人間というよりも生き霊か吸血鬼のようだ。トーマス・シスルウッドが日記に描いた世界に近い。

死ぬまで働き続ける奴隷に一切の見返りが与えられないから。ただ、今日も一日生き延びて、また働くだけ。これだけでも悲惨だが、プランテーションの邪悪さの真の理由は別にある。プランテーションが「地獄」なのは、主人や監督が神として扱われるからだ――それが彼らを悪魔に変えるのだ。イギリスの歴史家、アクトン卿の有名な言葉に、「権力は腐敗する。絶対的権力は絶対的に腐敗する」[19]というのがある。砂糖の「地獄」ではまさにそれが起こっていた。奴隷たちに絶対的権力を持つ人間たちが、悪夢でしか出会わないようなけだものと化した。彼らの残虐性はとどまるところを知らなかった――彼らは奴隷を恐れるくらいなら殺すほうがましだと思った。イクイアーノが説明しているように、モントセラト島は「死んだ奴隷の穴埋めをするのに、毎年2万人の奴隷を新たに必要とした[20]」

アフリカ人を新世界に送り込んだ奴隷制度について理解するには、まず砂糖プランテーションの死亡率を見なければならない。わたしたちは、奴隷制をアメリカ合衆国特有の問題と思い込みがちだが、じつはアフリカ人奴隷のうち、北米へ送り込まれたのはわずか4パーセントだ――つまり、96パーセントは、カリブの島々、ブラジル、その他の南米に運ばれ、そのほとんどが砂糖プランテーションで働かされた。北米の奴隷は子供をもうけるほど長生きできたため、その人口は徐々に増えていった。およそ50万人の奴隷が送り込まれ、解放時には元奴隷のアフリカ系アメリカ人は400万人に増えていた。しかし、砂糖諸島では、送り込まれたアフリカ人奴隷は200万人以上だったのに、解放時にはわずか67万人に減っていた。砂糖は人殺しだ。容赦ない重労働を強いる。

この高い死亡率、残虐行為、虐待もすべて、「白い金」を生産するというただひとつの目的のためだった。

その頃、ヨーロッパでは

ヘンリー3世の話を覚えているだろうか。わずか数キロの砂糖さえ手に入れるのも難しいと嘆いていた話を。ところが、コロンブスが新世界にサトウキビを持ちこんだ結果、そんな問題はなくなった。砂糖がカリブの島々からヨーロッパにどっと逆流してきたのだ。

1565年、ブリュッセルで催されたポルトガル王女とイタリア人貴族の結婚披露宴では、世界中から取り寄せた果物が長卓に並び、ひとつひとつが砂糖のシロップでコーティングされていた。ヨーロッパ、アフリカ、東インド諸島の果物を盛りつけた皿とそろいのナイフが置かれ、その間にはすべて砂糖で作ったシャンデリアが飾られていた。別の部屋にはさらに大きな長卓があり、王女が船で馴染みのある土地を訪ねる様子が人形や模型で再現され、クジラやイルカ、海の怪物まで添えられていた。3000個もの砂糖細工があり、砂糖細工の鳥、砂糖細工の籠《かご》や檻《おり》、砂糖細工の象の行列などで王女の旅を事細かに表していた。[21]

砂糖はいまや王侯貴族の婚礼にぴったりの装飾となり、ありったけの量が贅沢に使われた。金持ちは自分の富をひけらかす方法をなにかと思いつくものだ。これは数百年前にイスラムの支配

砂糖と大西洋奴隷貿易

奴隷にされたアフリカ人の行き先

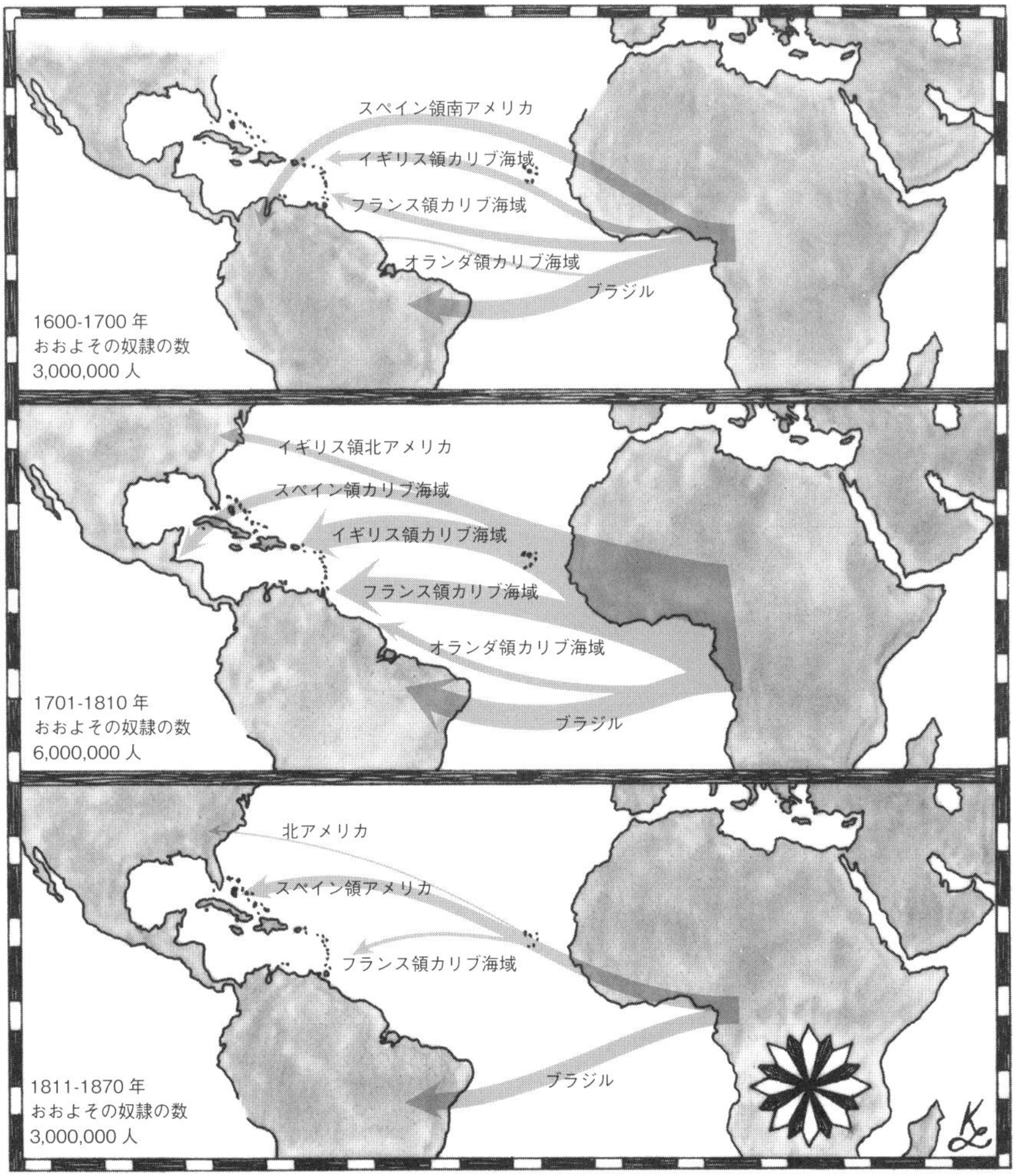

者が砂糖の彫像で富を見せつけていたのと同じだった。だが、砂糖の真価は別の物質によって引き出される。インド北部のアッサム地方と中国全土の畑で育っていたしわくちゃの葉っぱ――茶だ。

「最高品質のチャー」

1615年、イギリス人、ウィッカム氏は東インド会社の日本支所に勤める友人、イートン氏に「最高品質のチャー」を買ってきてくれないだろうかと手紙で頼んでいる。[22] 彼の言う「チャー」とは茶のことだ。そして、ヨーロッパ人がこの飲み物について記したのはこれが最初だった。ヨーロッパ人で茶のことを知っていたのは、仕事でインドか中国、日本に行ったことがある、ごく少

1668 年 12 月 9 日、教皇クレメンス９世（右側）はスウェーデンのクリスティーナ女王訪問に際して歓迎晩餐会を主催した。テーブルには所狭しと砂糖細工が並んでいる。ピエール・ポール・セヴァン作の水彩画。（スウェーデン国立図書館）

数の限られた人々だった。ポルトガルは貿易都市ボンベイ（現ムンバイ）を支配していたため、ポルトガル人はこの飲み物に真っ先に馴染んだ。そして、1662年、イングランド王チャールズ2世がポルトガル王女、カタリーナ・デ・ブラガンザと結婚したとき、王女の持参金にはボンベイが含まれており、それとともに紅茶の味が英国王室に伝えられた。

この絵が描かれた1727年までには、イギリスの家庭は富と社会的地位を示すために、砂糖壺や茶入れ、砂糖トングなどを厳選し、正しいお茶をたしなんでいた。（リチャード・コリンズ『お茶の時間の三人家族』、ヴィクトリア＆アルバート博物館）

王と王妃の習慣はすぐに真似《まね》された。東インド会社の重役たちはイギリスでこれを大量に売りさばけると予想し、1687年に10トンの茶葉を買い入れた。その見通しは正しかった。1711年までには、同社は年100トンの茶葉をイギリスに出荷し、40年後にはその量は1500トンに達した。イギリスでは紅茶は健康によいと医者が勧めたこともあって、日に50杯も飲む人もいた。そのうえ1770年代になると、人口175万の北米人が人口600万のイギリス人よりも多くの茶を飲んでいた。そして、そのカップ１杯の紅茶には数匙《さじ》の砂糖が入るのだ。

紅茶は温かい飲み物として提供され、その様々な香りが喜ばれた。ただ、17世紀にヨーロッパに伝わった紅茶以外の２種類の飲み物、コーヒーとホットチョコレートと同じく、そのままでは苦かった。イギリス初のコーヒー・ハウスは１６５２年にトルコ人が開いた。中国、アラビア、メキシコなどヨーロッパ以外の国々では、その土地の温かい飲み物を人々はストレートで飲んで

19世紀半ばまでには、イギリスの立派な家庭には、日に何度か砂糖をそえてお茶を飲むための道具がそろっていなければならなかった。この絵は、1861年に出版された『ビートン夫人の料理本』に掲載され、イギリスの主婦たちの参考図書となっていた。（大英図書館）

いた。しかし、ヨーロッパではこの新しい飲み物3種類とも、砂糖を加えて飲むのが普通だった。そのため18世紀までには、イギリス、オランダ、北米の富裕層にとって、砂糖は常備品になっていた[23]。

18世紀初頭、平均的なイギリス人は、年におよそ1・8キロの砂糖を消費していた。1世紀後、その量は8キロに増えていた。100年のあいだにイギリス人の砂糖消費量は450パーセントも増加した。しかも、それは砂糖が本格的に大量消費される前のことだった[24]。

1750年代以降、砂糖はヨーロッパの食生活を変えていった。裕福な人に仕える料理人は料理をいくつものコースに分けるようになった。以前、砂糖は装飾(婚礼の晩餐《ばんさん》用)に使うか、あらゆる料理のスパイスとして使われるかのどちらかだったが、それが肉や魚、野菜のコースから取り除かれ、独自のコース、デザートに

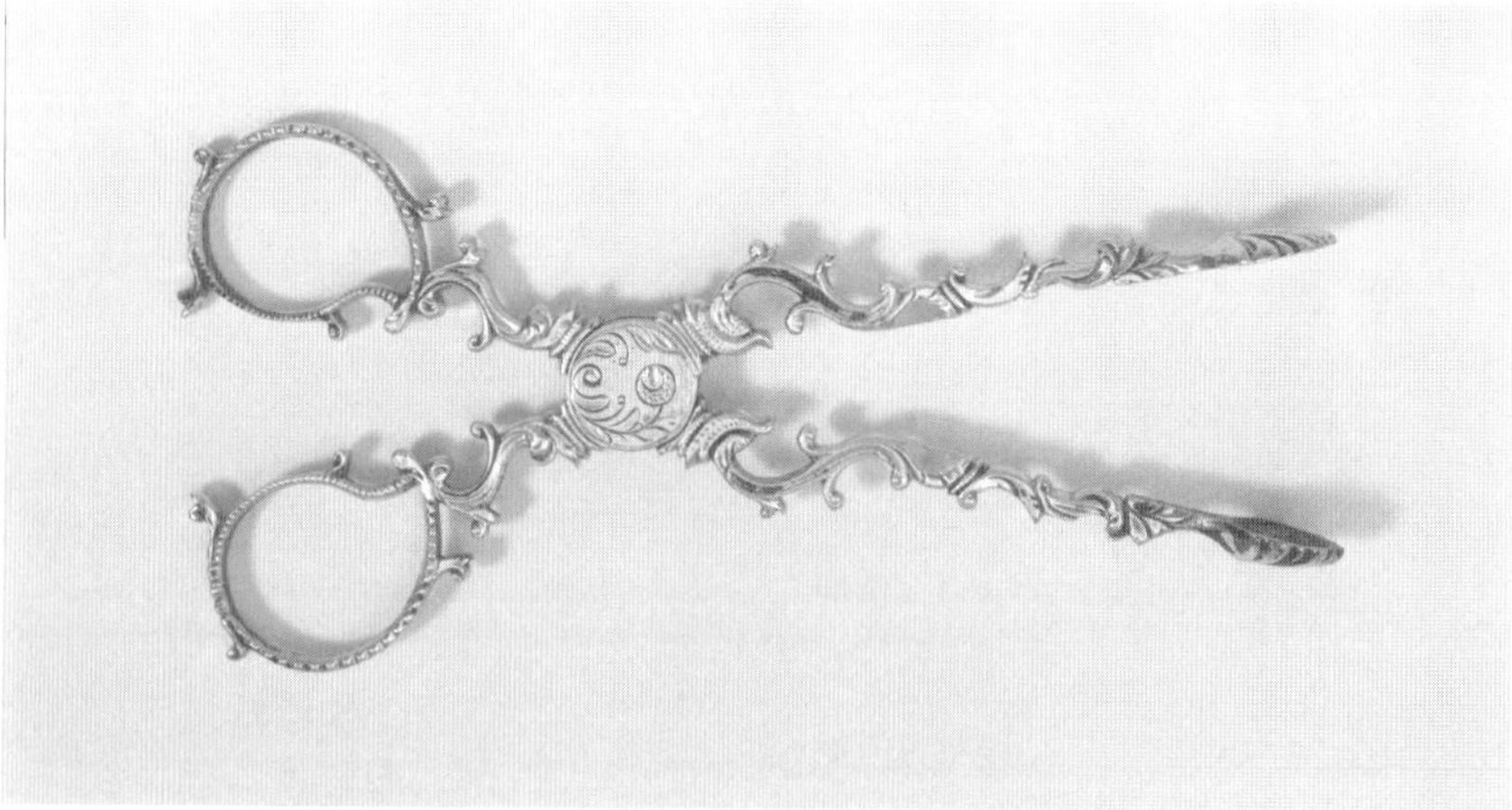

1750年製のこの銀の「砂糖ばさみ」は、大きな砂糖の塊からひとり分を切り取るための道具だ。当時、砂糖は大きな塊で売られていた。88頁の絵にあるように、富と品格を誇示したい人々にとって砂糖は家庭の必需品となっていた。(ヴィクトリア&アルバート博物館)

使われるものとなった。食事をしめくくる非常に甘い食べ物として、デザートが考え出されたのは、砂糖がふんだんに手に入るようになったからだ。だが、食事の仕方を変えたのは裕福な人々だけではなかった。砂糖は、食べ物、必需品となり、イギリスの最も貧しい労働者の食生活の基礎となった。

チャールズ・ディケンズの作品中に、ジョージ・クルックシャンクが 1837 年に描いたこの挿絵では、砂糖で甘くした紅茶がロンドンの街頭で売られている。砂糖は贅沢品から必需品になっていた。（大英図書館）

伝統的に、イギリスの労働者は自分が飲むビールを家で醸造し、パンなどの主食とともに飲んでいた。18世紀後半のあるスコットランド人作家は、醸造酒が割高になったため「社会の中・下層民にとって、茶が醸造酒に代わる安上がりな飲み物になった」と述べている。アジアから取り寄せる「紅茶」と「西インド諸島から運ばれてくる砂糖を入れた飲み物が、ビールよりも安上がりなのだ[25]」。この新しい飲み物はただ安いばかりではなく、必要不可欠になる。

特にイギリス人が安上がりでお腹に溜《た》まる温かい飲み物を必要としていたのはなぜか？　ひとことで言えば、工場だ[26]。イギリスは世界に先駆けて、国民の大半が金を稼ぐ場所を農地や炭鉱、小さな工房といった伝統的な職場から工場へ移した。19世紀初め、イギリス人は布を織る機械を発明し［カートライトが自動織機を発明したのは１７８５年］、機械を動かすためにどのように労働者を効率よく働かせるかを考えた。工場労働者は工場で働くために家を出なければならない。彼らは自分で食物を育てる農民ではないし、好きなときに軽食をとれる工房にいるわけでもない。そうではなく、彼らは集団で長時間働き、決まった時間に休憩を取る。工場労働者には持ち運びに便利な安い食べ物、次の休憩まで持ちこたえる力を与えてくれる食べ物が必要だった。

マンチェスターやリバプールなど、イギリスじゅうの煤煙《ばいえん》漂う工場都市では、工場の笛が鳴ると、労働者は一斉に手をとめて持ち場を離れ、砂糖を加えて甘くした一杯の紅茶を飲みに行く。たいてい、その温かい飲み物にパンを浸して食べた。やがて目聡《めざと》い経営者は、この休憩と甘味への欲求が鍵だと気づいた。イギリス人労働者は砂糖を多く含んだクッキーやキャンディ――今日の栄養食品のようなもの――など、すぐに活力を回復できるものを与えられ、長時間労働を乗り

初期の工場は、1835年にイギリスで描かれたこの絵のように綿織物工場だった。機械の速さに合わせて働き、労働者は勝手に手を止めてはならなかった。休憩時間には手っ取り早くエネルギー補給ができる安価なものが求められた。それが甘い紅茶とクッキーという形で出てきた。お茶を飲む休憩、いわゆるティー・ブレイクは、砂糖プランテーションの残酷な奴隷労働と、近代工場の新しい労働形態が結びついた一例だ。（『一対のミュール紡績機』、大英図書館）

切った。

１８００年頃から、砂糖は世界一経済的に進んでいたイギリスの工場を稼働させるのに欠かせない食品となった。砂糖はエネルギー源であり、少しは栄養にもなり、温かい紅茶に合うその甘味は最も貧しい工場労働者にとっても楽しみだった。砂糖は必需品となった。

なぜ、イギリスは世界でいち早く紡績工場を建てられたのか？　それは、イギリスが奴隷と砂糖の貿易で富をたくわえ、取引関係を構築し、金融制度を発展させていたからだ。実際、工場生産の安価な織物は奴隷の衣料に使われていた。イギリスの工場群は、砂糖によって築かれ、運営され、資金を得ていたとも言える。

1800年、イギリス人が年8キロの砂糖を消費していたとき、世界全体では25万トンの砂糖が生産され、そのほとんどがヨーロッパ向けだった。1世紀後の1900年、砂糖がジャムやケーキ、シロップ、紅茶に使われ、どの近代国家も工場で満ちあふれていたとき、砂糖の世界総生産量は600万トンに達した。その頃までに、平均的なイギリス人は年40キロの砂糖を消費していた。そして20世紀前半になってもその量は増え続けた（今日、アメリカ人が年に消費する甘《かん》蔗糖《しょとう》〔サトウキビから作った砂糖〕はわずか18キロだが、それはコーンシロップなどほかの甘味料が甘蔗糖よりも安いからだ。あらゆる甘味料を合計したら、アメリカ人は年に63キロ摂《と》っている[27]）。

砂糖の時代

19世紀までには、近所で採れたものを食べ、祖先の土地に住み、変化よりも伝統を重んじていた「ハチミツ時代」から、奴隷制と工場と世界貿易からなる「砂糖時代」へと移り変わっていたのは明らかだ。砂糖は奴隷制の産物であり、貧しい工場労働者が依存する食品だった。トーマス・シスルウッドのような監督の野蛮性と、厳しく管理された新生産体制が出会う場所だった。そして、まさにそのために砂糖は自由を求める闘争の要にもなったのだ。

大西洋奴隷貿易について語るとき、砂糖「地獄」は避けて通れないが、と同時にそれは物語の一部でしかない。アフリカ人は経済における大変革の中心にいたし、世界中の人々の生活の中心にいた。アフリカ人は真の世界市民だ――新しい土地や新しい宗教に適応し、故郷では会う機会さえなかったほかのアフリカ人とも協調した。彼らの労働が「砂糖時代」を、そして産業革命を可能にした。わたしたちは奴隷にされた人々を単なる犠牲者として見るのではなく、行為者として見るべきだ。現在、わたしたちが生きている、この互いにつながった世界の先駆者ととらえるべきだ。そして、実際にアフリカ人奴隷が声を上げ始め、ヨーロッパ人が彼らを人間と認め始めたとき、「砂糖時代」は自由の時代にもなった。

第3章 自由

すべての人間は平等である

世界が大きく変わり始めたのは、マダム・ヴィルヌーヴという女性が１７１４年にフランスを訪れた時にさかのぼる。その年、マダムはカリブ海から女奴隷ポーリーヌをともなっていた。そして、沿岸部から内陸のパリへ向かうとき、修道院にポーリーヌを預けていった。ポーリーヌはその間、修道女たちとともに勉学に励むうちに自分も修練を積んで修道女になりたいと思うまでになり、このまま院に残りたいと願い出た。修道院側がこの願いを聞き入れたため、マダム・ヴィルヌーヴは激怒した。マダムは自分の所有物の返還を求め裁判官に訴えた。ポーリーヌはひとりの自由な女性か、キリストの花嫁か、あるいは、売買され、用のないときは倉庫に保管される物か？

その23年前、フランス王ルイ14世はいくつかの法令を発布し、フランス領の砂糖諸島での奴隷制を合法化した。しかし、ふたりの奴隷がフランス本土に到着すると、彼らを解放した。フランスの「土を踏んだとたん」彼らは自由の身であるという理屈だった。裁判官たちはポーリーヌの主張を認めた。彼らの目から見て、たしかに彼女は生身の人間であり、誰かの所有物ではない。ルイ14世と同じく、ポーリーヌ事件の裁判官たちにとっても、海を越えた遠いところにある奴隷制とフランスにいる奴隷とはまったく別物だった。

奴隷所有者たちはこれに反発し、フランスに到着しても自分たちの奴隷は所有物と認められるべきで、帰るときも連れて帰る権利があると主張した。フランスの大半はこの主張に賛成したが、パリの立法者たちはためらった。ピエール・ルメール（子）は奴隷の側に立った。彼は「すべての人間は平等である」と１７１６年に宣言した。アメリカで独立宣言がなされるちょうど60年前のことだ。[1]

１７１６年に「すべての人間は平等である」と主張するのは、空にはもうひとつ別の太陽があると宣言するようなものだ。なにしろ、世界の隅々に奴隷制が行き渡り、東欧人の大半は農奴として領土とともに売買されていた時代だったのだから。「砂糖時代」、奴隷制はますます悲惨なことになっていたが、その時代にすべての人間が平等であるという考えが広まっていった。そして、その考えが、王を放逐し、政府を転覆し、全世界を変貌させていった。

砂糖は奴隷制と奴隷解放運動の両方に関わりがあった。砂糖を生産するため、ヨーロッパ人とアメリカの植民地人はアフリカ人を滅ぼし、彼らを物に変えてしまった。まったく同じ時期、ヨーロッパ人――本国でも大西洋の向こう側でも――は、自分たちが物のように扱われるのにはもう我慢ならないと思い始めた。選挙権や意見を述べる自由を求め、国王や王子による支配に疑問を持ち始めた。どうしてそんなことがまかり通るのか？　奴隷で利益を得ながら、平等を唱えるなど、どうしてできようか？　実際、奴隷が作る砂糖への世界的需要が、奴隷制を終わらせる直接的原因になった。砂糖と奴隷制のつながりをたどっていくと、「革命時代」の激動に行き着く。北米、次いでイギリス、フランス、ハイチ、再び北米で、「砂糖時代」が自由と奴隷制とのあいだの最大で最後の激突をもたらすことになる。

すべての人間は平等である——アメリカ

1765年4月7日、日曜夜、顔を黒く塗ったロードアイランドの男たちの一団が、ポーリー号に乗り込み、すべての積荷を運び出した。積荷はカリブの砂糖諸島から積んできた糖蜜の樽だ。これはボストン茶会事件の8年前のことだが、問題はまったく同じだった。イギリス議会は北米の植民地人の意見も聞かず砂糖に課税することを決定し、彼らの怒りを買った。(2)

砂糖税を逃れるためにこっそり樽を陸揚げしたロードアイランドの男たちは、イギリスから見れば密輸業者以外の何者でもない。だが、アメリカの植民地人は、課税には抵抗すべきだ、さもなければ奴隷と同じだと考えていた。自由人ならば自分の力、頭脳、意欲で築き上げたものに対して権利があるはずだと思った。もちろん、自由人でも法律には従わなければならないが、その法律の制定に意見を述べて関わることができないのなら、話は別だ。自由人とは賢明な父なる王に従うおとなしい子供ではなく、自分の意見を述べる大人のことだ。これは昔、よく働き、従順で、運命を受け入れるのが当たり前だった「ハチミツ時代」と比べると大きな進歩だった。アメリカの人々にとって、資産を所有することと資産を勝手に規制されることは、自由人と奴隷くらいの差があった。彼らはいかなる税にも反対だったが、砂糖は特に不満の種だった。

トーマス・シスルウッドのような男たちに奴隷の管理を委ねていたカリブの不在農園主は、イギリス暮らしの利点を存分に生かしていた。ロンドンに近いところにいるおかげで、金にものを言わせて議員に働きかけることもできたし、場合によっては自ら議員に立候補もした。たとえば、ウィリアム・ベックフォードはジャマイカに24もの砂糖プランテーションを所有する家に生まれた。彼は、成人後はイギリスに住みながら、遠く離れたジャマイカに2000人もの奴隷を所有していた。「サトウキビの市参事会員」として知られ、順調に出世してロンドン市長、国会議員にまでのぼりつめ

ロンドン市長、ウィリアム・ベックフォードの財産はジャマイカの砂糖プランテーションで築かれた。アメリカの植民地人は砂糖王たちがロンドンで行使する力に戦々恐々としていた。（アメリカ議会図書館）

た。[3] ベックフォードのような砂糖王たちは、アメリカの植民地人が砂糖をイギリス領以外から買えないように法律で縛り、ほかの土地の安い砂糖に手が出せないようにしておきたかった。

北米では、岩だらけのニューイングランドの土地を耕す農夫も、奴隷を使ってタバコ農園を経営する誇り高きヴァージニア人も、他人に仕事を任せて自分はロンドンに住むというような贅沢は許されなかった。アメリカ人は安い砂糖を求め、どこからでも買える自由が欲しかったが、彼らの声は議会に届かなかった。議会が砂糖農園主に味方したため、それはさらに困難になった。アメリカの植民地人はだまされた、無視されたと感じ、これでは奴隷同然だと思った。

ジャマイカにあるベックフォードの所領を描いたこの絵は、1778年に刊行された。画家ジョージ・ロバートソンは穏やかで美しい情景を追求し、奴隷も従順で控え目に見えるように描かれている。（アメリカ議会図書館）

1733年、議会はイギリス領以外の土地で生産された糖蜜1ガロン〔約4・5リットル〕につき、6ペンスの税を課すると定めた。もし実際に植民地人がこの糖蜜法に従っていたら、深刻な事態を招いていただろう。フランス領の砂糖諸島で生産される糖蜜の価格は高騰し、商人は儲けが得られなくなる。そこで今度はイギリス人から買おうとするが、彼らは間違いなく値をつり上げるだろう。このたったひとつの法律が、北米と砂糖諸島との貿易全体を壊滅させる恐れがあった――ただし、もし植民地人、あるいはフランス人がこの法に従っていたら、の話だ。もちろん、彼らは従わなかった。

糖蜜法が成し得たことは、ただひとつ、植民地人を密輸業者にしただけだった。にもかかわらず、この法は何度も改正され、ついに1763年に決定的な局面を迎える。糖蜜法が失効する間際、イギリスは「七年戦争」と呼ばれるフランスとの世界規模の戦争で勝利を治めた（その戦争の北米での一連の戦闘は「フレンチ・インディアン戦争」と呼ばれた）。戦費をまかなうため、首相は法律を強化した。砂糖法と名を変えたこの法律は、アメリカの植民地人に密輸をやめさせ、砂糖税を確実に納めさせるために考え出された。

より厳しくなった砂糖法の知らせがアメリカの植民地人に伝わると、彼らは憤慨した。彼らにとって、イギリス議会によるこの動きはまさに「代表なき課税」だった。ボストンの集会では、この法律に反対する声が上がった。「課税される側の代表がひとりもいないところで決められた法律により、われわれに税が課せられるなら、われわれは〝自由人の特性〟を奪われた、貢《みつ》ぐだけの奴隷という惨めな身分に成り下がったと言えるのではないか？[4]」。まもなく、ニューヨークやノースカロライナの集会もこれに同調し、砂糖法に反対した。

イギリス議会が砂糖王たちの意見に従う限り、植民地人は奴隷のようになすすべがない。イギリスがアメリカ人の資産をかすめ取るのを許すなら、もはやアメリカ人は自由人とは言えない。したがって、トーマス・ジェファーソンがジョン・アダムズやベンジャミン・フランクリンとともに独立宣言を書いたとき、そこには何人も決して奪われることのない基本的人権――生命、自由、財産（「幸福の追求」に含まれる）――が明記された。しかし、ジェファーソンは奴隷制をそのうちなくなればいい害悪と見なしながらも、奴隷を売買する自身の権利についてはまったく疑問を持たなかった。

「砂糖時代」において、アメリカ人は自分たちの資産を命がけで守っておきながら、他人を所有することは放棄しなかった。皮肉なことに、人間を売買できる物として扱う考えに異議を申し立てたのはイギリス人のほうだった。

それは、ある宿題から始まった。

「本人の意に反して人間を他人の奴隷にするのは合法か？」[5]

ケンブリッジ大学では毎年、ラテン語で書かれた優秀な論文に賞を授与していた。少数の学生にとってそれは注目を浴びるチャンスであり、受賞はたいへんな名誉とされた。1785年、コンテストの課題を選んだ人は、論文を奴隷制度反対運動の武器にしようと考え、「本人の意志に反して人間を他人の奴隷にするのは合法か？」という命題への回答をコンテスト参加者に求めた。トーマス・クラークソンのラテン語はすばらしく、彼が受賞した。彼は最初、コンテストで勝ちたいと思って論文を書き始めたのだが、やがて確信した。「あるとき、ふと思った。論文の内容が真実ならば、早くこの悲惨な状況を終わらせるべきだ」

毎日毎日、この瞬間にも人間が破壊され、自分自身もそれを見過ごしているのだと気づいたクラークソンは、それ以後生き方を変えた。この残酷な制度の廃止のためにすべてを犠牲にした。彼が説明しているように「日中は落ち着かなかった。夜はほとんど眠れなかった。悲しみでまぶたを閉じることさえできないときもあった[6]」

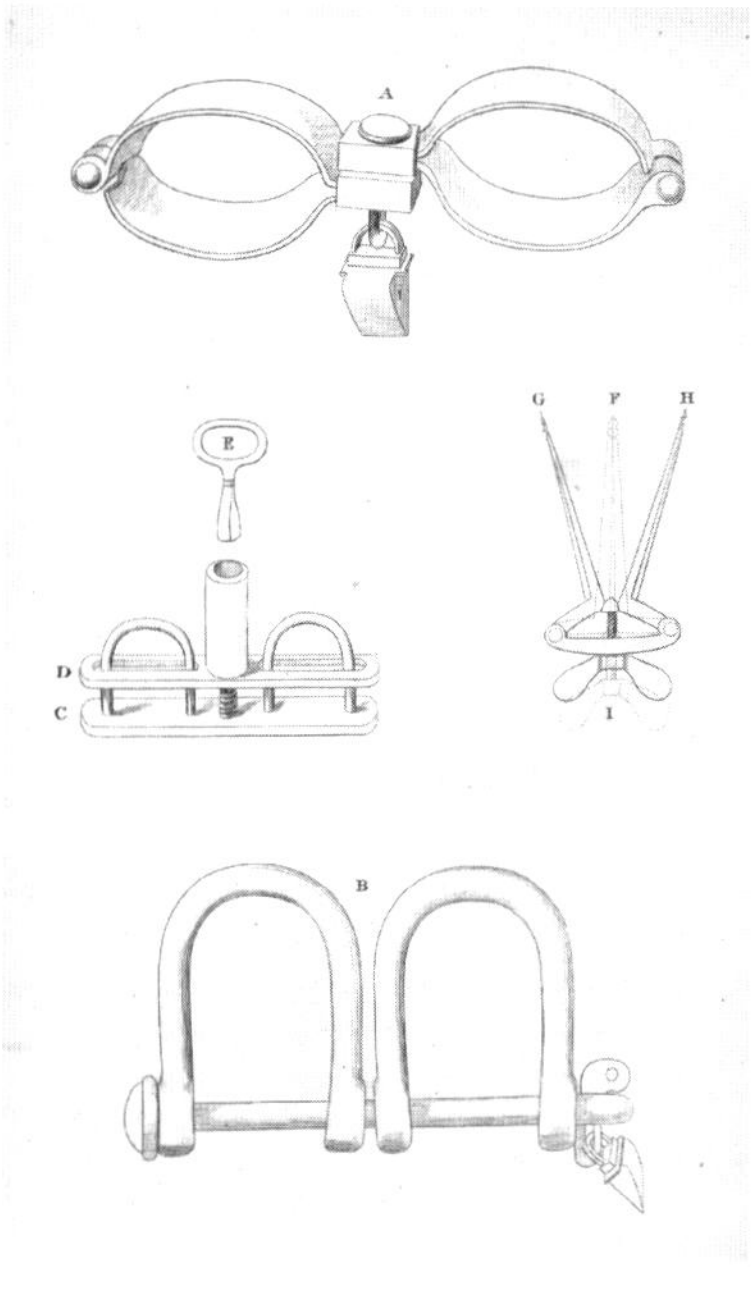

奴隷の懲罰や拷問に使われた道具を図解したこの絵はオラウダ・イクイアーノの自伝に掲載された。同書には、奴隷を使用する側も徐々に暴力に慣れて鍛えられていった様子が描かれ、読者はページをめくりながらその証拠を目にする。（大英図書館）

当時、年8キロの砂糖を消費していたイギリス国民は、自分たちの食事に甘味を加えるために働いているアフリカ人奴隷の状況については、ほとんど何も知らなかった。さらに悪いことに、奴隷船建造のために板を打ち付け、帆を縫い、ロープを製造している人々、あるいは奴隷が作った砂糖を入れる樽を組み立てている人々、そのひとりひとりが奴隷貿易で生計を立てていたのだ。イギリス人はアフリカ人を所有物のままにしておくことで豊かになった。のちに奴隷制度廃止論者と呼ばれるクラークソンや彼と同じ信念をもつ人々は、イギリスは奴隷制と結びついているが、それゆえ奴隷反対運動に有利だと考えた。この流れを逆向きにできたら——奴隷制の恩恵を受けている人々にそのおぞましさを周知できたら——この忌まわしい制度を葬り去ることができるかもしれない。

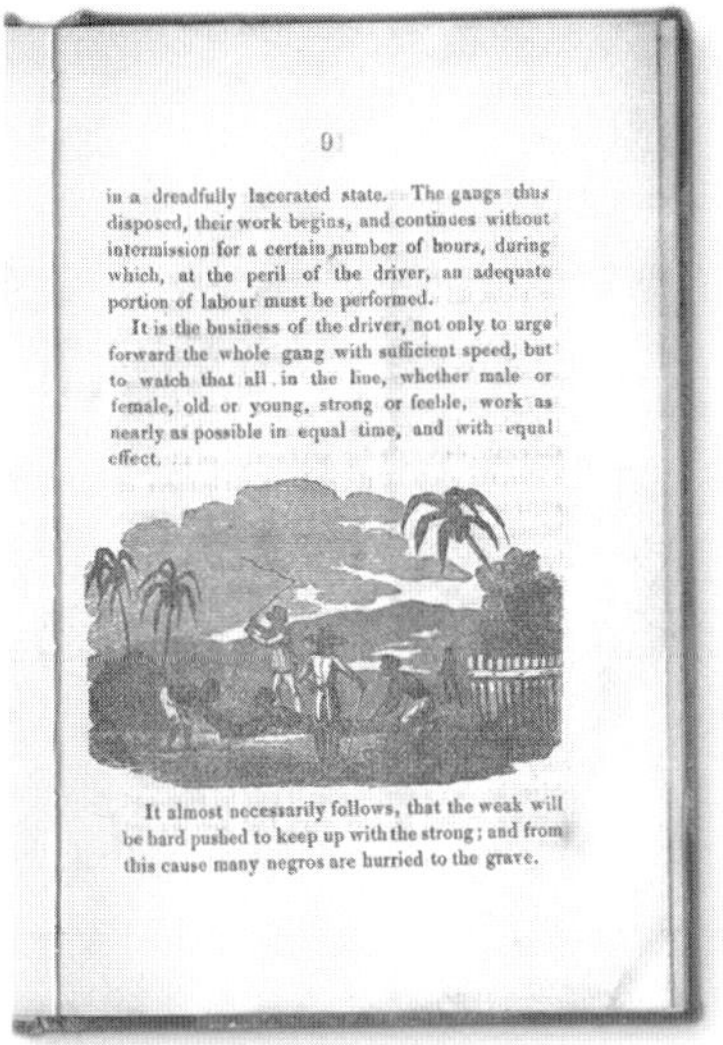
9

in a dreadfully lacerated state. The gangs thus disposed, their work begins, and continues without intermission for a certain number of hours, during which, at the peril of the driver, an adequate portion of labour must be performed.

It is the business of the driver, not only to urge forward the whole gang with sufficient speed, but to watch that all in the line, whether male or female, old or young, strong or feeble, work as nearly as possible in equal time, and with equal effect.

It almost necessarily follows, that the weak will be hard pushed to keep up with the strong; and from this cause many negros are hurried to the grave.

奴隷廃止論者たちは広報活動を巧みに利用して世論を奴隷反対に誘導していった。ロンドンの〈ベッカムの婦人たちによる反奴隷協会〉が作ったパンフレットは、砂糖はインド産に限定するよう訴えている。（大英図書館）

奴隷廃止論者たちは賢かった。史上初の非常に有効な広報活動を思いつき、現在も使われている手法を考え出した。クラークソンは講演を行うとき、奴隷に使われていた鞭や手錠を掲げて見せた。船員や船医から、奴隷船での残虐行為や見せしめについて聞き出し、その証言集を出版した。オラウダ・イクイアーノが回想録を刊行すると、それを読んだ人々は奴隷貿易の恐ろしさを知った。そして、その後、奴隷制とはどういうものか、イギリス人が気づき始めたとき、クラークソンたちはいわゆる「血で甘味を加えた飲み物」の不買運動を展開した。

奴隷制は価値がある。それは、誰もが欲しがる安い砂糖を生産するからだ。しかし、人々がその砂糖を買うのをやめたら、奴隷制度全体が崩壊する。アメリカ独立戦争に至るまでの数年間、ニューイングランドの女性たちはイギリス製品やイギリスの紅茶の不買運動をした。収入の減少により、イギリス政府はアメリカに課していた税の一部を撤廃した。これと同じ手法――不買運動――が奴隷制と戦うのにも使われた。およそ40万のイギリス人が奴隷労働による砂糖を買うのをやめた。その代わり、「自由人の労働によって生産された」とラベルの貼られた砂糖、インド産の砂糖を買った。[7]

クラークソンはじめ奴隷制度廃止論者たちは、イギ

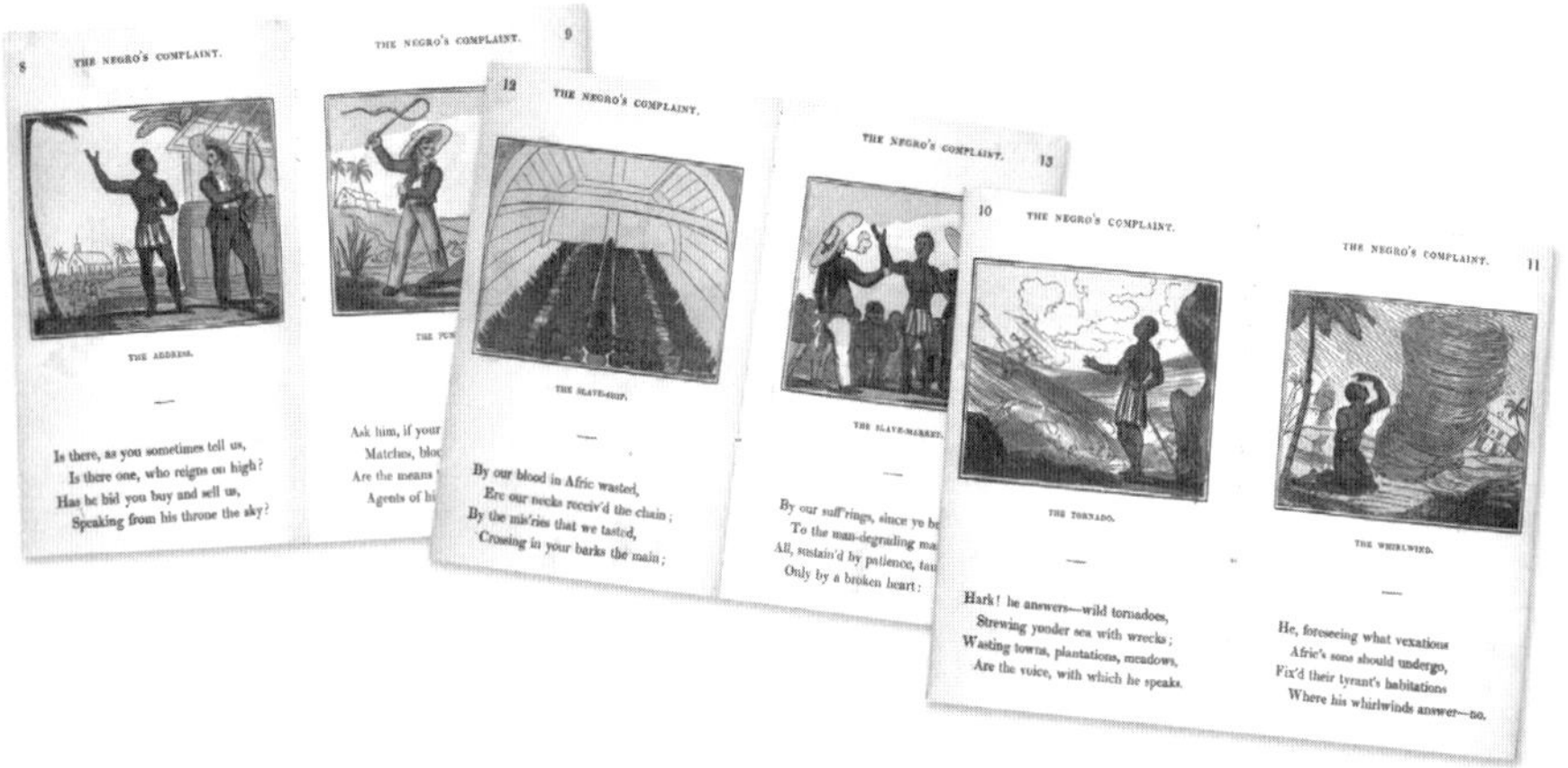

イギリス人作家、アメリア・オピエが1826年に出版したこの児童書は、世間に砂糖奴隷の悲惨さを伝えるために書かれた。(大英図書館)

リス人が日常的に使っている砂糖を手に取ったとき、そこに奴隷の血が透けて見えるようにした。奴隷が作った砂糖はどこにでも売っていたため、奴隷制の現実を無視するのは非常に難しかった。現在、低賃金労働に結びつくスニーカーやTシャツ、マットと同じく、砂糖は懸け橋だった。その製品を買おうとするとき、それがどのように作られたか否応《いやおう》なく考えさせられる。奴隷制という、人類の文明と同じくらい長い歴史をもつこの制度は、もはや許されない、もはや受け入れることができない非人道的行為で作られているのだと。

アメリカの植民地人たちは、イギリス人に奴隷扱いされていると言って戦争をしたが、自分たちが所有する奴隷の問題は棚上げにしていた。それがイギリスで実際の奴隷のために立ち上がる人々が現れた。そして、革命の炎はフランスに飛び火した。

すべての人間は平等である——フランス

フランスには国会も議会もなかった。投票によって自分の権利を守れるようになるとは誰も思っていなかった。ところが、国王ルイ16世と王妃マリー・アントワネットの国でも、人々は自分の意見を主張し始めた。１７８９年7月、パリの民衆は忌まわしいバスティーユ牢獄を襲撃した。国王はそこに嫌いな人間を片っ端から収監していたのだ。そして、８月になると、新たに成立した国民議会が「人間と市民の権利の宣言」を発布した。「人は生まれながらにして自由であり、平等の権利を有する」と世界に宣言した。[8] これはピエール・ルメールの言葉、ジェファーソンの言葉、クラークソンが戦っている理念とまったく同じで、実際、クラークソンは新政府を支援するためにフランスを訪れている。しかし、同宣言は「所有権は不可侵かつ、神聖な権利である」とも述べていた。では、奴隷はどうなのか？　平等な人間なのか、あるいは奴隷所有者の所有物なのか？

人権と所有権の対立。その議論は現在も尽きることなく、たとえば、炭鉱の規制をどれくらい厳しくするかもそのひとつだ。炭鉱主が規則を決めることにすれば、おそらく石炭の値が下がり、

この人形は、反奴隷制のバッグの使い方を示している。図柄がよく見えるように持ち、すれ違う人に、紅茶に入れる砂糖の血の代償について思い知らせ、恥じ入らせるのだ。（ヴィクトリア＆アルバート博物館）

消費者にとってはうれしいことだが、政府が基準を決めることになれば、労働者や環境が守られるのでそれが最適と思われる。フランスでは、意見はふたつに分かれ、一方は奴隷を解放すべきと主張した。もう一方は、砂糖諸島ではいかなる変更も奴隷の反乱の引き金となり、フランスの競合国を利することになり、その結果、国益が損なわれると訴えた。

新しいアメリカ合衆国では、白人の資産家は独立戦争により自由の感覚を得たが、アフリカ人は奴隷のままだった。イギリスでは、奴隷制度廃止論者がアフリカ人のために立ち上がったが、王侯貴族がいまだ支配していた。フランス

〈バーミンガム婦人会〉の集会では、縫い物をするグループが集まり、この写真のような奴隷制廃止運動の絵柄のバッグを作っていた。廃止論者の多くは徐々に奴隷制廃止へ向かう方法を好んだが、バーミンガムの女性たちは、すべての奴隷をすぐに解放すべき、と訴えるエリザベス・ヘイリックの提言を読み、それを議題に取り上げていた。（ヴィクトリア＆アルバート博物館）

では、革命を起こした人々は自分たちの貴族に刃向かったが、植民地の砂糖諸島にいるアフリカ人をどのように扱うかについては決めかねていた。「革命時代」は所有権に対抗して自由の概念を推し進めたが、それらの大きな衝突の先に何があるかは誰にもよくわからなかった。

革命期のフランスでは、所有権を守ろうとする側に対して奴隷を解放しようとする側の主張が優勢になっていった。1791年秋、フランスは砂糖諸島の自由黒人や混血に、他のフランス人同様の人権を認める法案を成立させた。だが、これはクラークソンや彼の仲間のイギリス人にとってよい知らせではなかった。フランスの革命家は人道的な法を通したが、そのいっぽうで自分たちの領主や貴族をギロチンにかけて次々と処刑していった。パリの街に血が流れ始めると、イギリスの奴隷所有者やアメリカ人は格好の口実を得た。所有権に干渉したり、奴隷を解放したり、政府の何かを変えたりすると、混乱と恐怖の日々が待っている。

1790年までには、イギリスの奴隷解放運動は支持者も勢いも希望も失っていた。結局、フランスの混乱により、イギリスの奴隷貿易と砂糖諸島はますます富をもたらす財源となっていた。やがて、最大の利益を上げていた砂糖の島から、新しい声が聞こえてきた。コロンブスが最初にサトウキビを持ちこんだあの島から。

自由の声

18世紀末までには、フランス領サン＝ドマング（イスパニョーラ島の西側3分の1、現ハイチ共和国）は世界有数の砂糖生産地となっていた。全域に点在する砂糖プランテーションがあまりにも多く、指揮官と呼ばれる奴隷が、ほかの奴隷を監督していた。１７９１年8月14日の夜、サン＝ドマングのとりわけ豊かな砂糖プランテーションの指揮官たちが「ワニの森」に集まり、固く誓い合った。白人農園主に対して反乱を起こし、「われわれ全員の心の中に響いている自由の声に耳を傾ける」のだ。その声は砂糖にまつわるものすべてを破壊せよと言っていた。砂糖がアフリカ人を奴隷にしたのだから、砂糖を島から一掃しなければならない――いまや世界の巨大な砂糖工場となっているこの島から。

8月末までには、このフランス植民地は炎に包まれていた。非常に多くのサトウキビ畑が炎上したため、そこらじゅうに「サトウキビの茎の火の粉が雨となって降り注ぎ、灰が散って雪のように積もった」。圧搾機をたたき壊し、倉庫を破壊し、畑に火を放ちながら、自由を求める戦士たちはおよそ１０００ものプランテーションを消滅させた。それも、反乱を起こしてわずか2ヶ月のあいだに、だ。砂糖と鎖に抵抗する戦士たちは、まもなくトゥーサンという指導者を得た。彼は「開く」を意味する「ルーヴェルチュール」と名乗った。トゥーサンは人々を解放するための突破口、間隙を開いていった[9]。

サン＝ドマングの奴隷は、ただ島のひどい状況が不満で戦っていたわけではない。彼らはヨーロッパ人やアメリカ人から――自分たちの主人と同類の人間から――聞いて知った理念のために戦っていた。１７８９年に始まったフランス革命の偉大な3つの理念は「自由、平等、博愛（友愛）」からなる。フランスからの船がサン＝ドマングに着くと、人権の名のもとに革命が行われていることを奴隷たちは知った。その前から、彼らは国の近くで起こった革命により、大きな変化の兆しを感じ取っていた。1779年、サン＝ドマングの自由黒人の連隊がアメリカに行き、独立戦争に加わったのだ。彼らは「すべての人間は生まれながらにして平等である」という思想を持って帰ってきた。

「ワニの森」での会合から2年後の1793年8月29日、サン＝ドマングの有力なフランス人高官はトゥーサンやその軍隊と戦っても無意味だと考えた。奴隷たちはすでに自分たちで自由を得ていたのだから。そして、翌年2月、パリのフランス政府もそれに同意した。パリの革命家たちが宣言した友愛という概念に、ここでようやくサン＝ドマングの奴隷も含まれることになった。

勝利したサン＝ドマングの人々は、自由と所有権の矛盾は解消したと宣言した。「すべての人間は平等である」とは、誰も他人の所有物にはならないという意味だ。この概念はイギリスを震え上がらせた。その理由は、イギリス領の砂糖生産地、ジャマイカがサン＝ドマングから海を隔てて160キロメートルのところにあるから、というだけではない。じつのところ、ジャマイカの奴隷たちは働きながら新しい歌を歌い始めていた。[10]

いち、に、さん、
みんな、おなじ、
黒、白、茶色、

みんな、おなじ、
みんな、おなじ、
いち、に、さん、
みんな、おなじ！

その単純な節は、奴隷の反乱の不安をかき立てるだけではなかった――すべての上流階級に向けた挑戦だった。ジャマイカではすでに何度も奴隷の反乱があり、英国国教会の聖職者ジョン・リンゼイは、北米で自由だ何だのと騒いだために奴隷を勢いづけてしまったのだと述べている。特に「(召使いが背後に控えている) 食事の席で、われわれはこれまであまりにも軽率だった。アメリカの反乱の話題になると、それが高潔な英雄的行為と誤解を与えるような表現になってしまっていた」。しかし、奴隷たちは主人の会話を盗み聞きするまでもなく、平等の概念について知っていた。カリブの島々を行き来している黒人の船乗りからいろいろな噂を聞いていたのだ。[11] そして、もしこの自由の精神に手がつけられなくなったら、非常に危険だ。なぜなら、イギリスでさえ、選挙権を持っているのは人口のわずか３パーセントに過ぎなかったのだから。この自由という発展した概念が広まってしまったら、イギリスの王や貴族は無事でいられるか？　１７９３年秋から、イギリスはサン＝ドマングへ軍隊を送り、そこの住民を再び奴隷にして砂糖プランテーションに戻した。イギリスの陸軍大臣ヘンリー・ダンダスが述べたように、その目的は「イギリスの植民地に自由と平等という無謀で有害な理念が広まるのを防ぐ」ためだった。[12]

1801 年 7 月 7 日、トゥーサンはイスパニョーラ島全土の権限を彼に委ねるとする憲法を受領。この絵はそのとき祝勝の様子を描いている。

自由と平等――これらの概念はどこまで浸透していくのか？　それを阻《はば》むものは何だろう？　王は皆、王冠を守り通せるのか？　奴隷の主人は皆、奴隷を所有し続けられるのか？　イギリスはこれらの疑問の声を黙らせるためにサン＝ドマングに侵攻し、簡単に勝てると考えていた。なにしろ、イギリスの陸軍と海軍は世界一だし、戦う相手はただの元奴隷だ。

ところが、ハイチ人は統制のとれた、優秀な戦士だった。なぜ彼らは戦いに長《た》けていたかというと、まさに奴隷貿易が盛んだったことがその一因だ。多くのハイチ人兵士は到着したばかりのアフリカ人で、故郷では戦士だった。彼らは戦術を教え込まれており、イギリス兵相手にそれを発揮した。[13]　イギ

ジャマイカのトレロウニー・タウンは、どの奴隷所有者にとっても、ハイチ人の反乱がたいへんな脅威だったことを示している。村はイギリス人が倒せなかった逃亡奴隷によって運営されていた。イギリスは1730年に、逃亡奴隷の指導者と和平協定を結んだが、60年後、近くのハイチで元奴隷たちが自由を求めて戦うと、約束を反故にし、逃亡奴隷を片っ端から捕らえてはカナダに移送した。イギリス人に捕まらなかった逃亡奴隷の子孫は現在もジャマイカに暮らしている。（国立海洋博物館）

リス兵はまたマラリアや黄熱病《おうねつびょう》など、熱帯の病にも苦しめられ、数千人が命を落とした。だが、最終的にハイチ人が勝利したのは、自分たちの信念に対する燃えるような思いがあったからだ。トゥーサンはイギリスの最後の砦《とりで》に迫りながら言った。「われわれは自由のために戦う。この世でいちばん大切なもの、自由を消さないために」(14)。65年後、エイブラハム・リンカーンはゲティスバーグの演説でこれとまったく同じことを語った。1798年10月までには、イギリスは諦めた。とはいえ、これでトゥーサンが勝利したわけではなかった。彼にはまだふたつの強力な敵がいた。ひとつはフランス――ハイチ人に自由の概念を伝え、それを与えたその国だ。ふたつめの敵は恐怖だった。

フランス本国では、奴隷を禁止したその政府が自滅への道を歩んでいた。フランス革命における大いなる矛盾は、革命家たちが貧民や奴隷を救済する法はどんどん成立させながらも、自分たちの敵を抹殺しようとますます躍起になっていったことだ。今日でも、独裁者が人民のためと言いながら、政敵を投獄し、国民を食いものにしている政権がいくつもあるが、それと同じだ。大義は残虐行為を覆い隠す。

1799年、フランス随一の将軍、ナポレオン・ボナパルトが革命家たちの血の粛清を終わらせた。彼は権力を握り、自ら新たな規則を作った。ナポレオンは自国にとって砂糖がいかに大切かすぐに気づいた。まず、彼は奴隷を解放した法律を取り下げた。そして、イギリスに比肩するフランス砂糖奴隷帝国を築こうと考えた。スペインと取引し、北米中部のニューオーリンズ北部からミシシッピ川沿いの土地、ルイジアナを手に入れた。それから、イギリスと和平を結び、サン＝ドマングの反乱集団を鎮圧するために派兵した。まず、この島の支配権を取り戻し、それからルイジアナで生産した食料や補給品をカリブに送る。そこにあるすべての砂糖プランテーションを運営できれば、「白い金」という見返りが得られる。

自由と所有物という巨大なシーソーは揺れ続けた。アメリカ合衆国はイギリスから自由になったが、奴隷制は維持していた。フランスは奴隷を解放したが、そのあと暴力に飲み込まれた。イギリスは奴隷制度廃止を以前から主張していたが、フランスの混沌ぶりを目の当たりするとハイチ人を倒すために軍を送り込んだ。そしていま、ナポレオンのフランスはイギリスに続こうとしていた。

ナポレオンの義弟が率いる3万5000の軍はまもなくめざましい戦果を上げた。1802年、トゥーサンを捕らえ、フランス本国に連行した。トゥーサンはそこで1803年に獄死した。だが、かつて奴隷だったハイチの人々は戦いをやめなかった。2年に及んだ戦争で、およそ5万のフランス兵が戦死した。そして、1804年1月、勝者のハイチ共和国が誕生した。自由のために戦ったかつての奴隷たちはヨーロッパの二大強国であるイギリスとフランスの軍隊を続けて打ち負かしたのだ。

ハイチは完全に自由を得た。人権が所有権より優先された。ところが、ハイチの自由な人々はまだ最終的な、最も手強い敵、恐怖と対決しなければならなかった。

アメリカ独立戦争の指導者たちは、ハイチで元奴隷が自由のために戦う様子を注視していた。だが、この戦いは建国の父たちを二分した。彼ら自身も新しい合衆国で奴隷制をどうすればいいか葛藤を抱えていたのだ。ジョン・アダムズが大統領だったとき、彼はフランス軍と戦うトゥーサンに銃や補給品を送って支援した。だが、トーマス・ジェファーソンはハイチ人の反乱の成功に恐れおののいた。

アダムズに次いで大統領になったジェファーソンは、ハイチを脅威としか見なかった。ハイチの元奴隷がアメリカにやってきて、当地の奴隷に自由を説き、反乱をそそのかすのではないかと恐れた。「何か手を打たなければ」と彼は警告している。「早急に手を打たなければ、われわれは自分たちの子孫の殺し屋となるだろう……。世界中を吹き荒れている革命の嵐は、まもなくわれわれのところに到達するだろう」[15]。それゆえ、彼はアメリカの唯一の姉妹共和国であるハイチを国家として承認するのを拒んだ。実際、アメリカがハイチを承認したのは、1862年、エイブラハム・リンカーンが奴隷解放宣言を発布する間際のことだった。

ジェファーソンのようなアメリカ人は自分たちの自由のために戦ったことを誇りにしていた。だが、アフリカ人をいまだに所有物と見ている限り、ハイチ人を自分たち同様勇敢で誇らしい人間と見られないのだった。もしハイチ人が自由を獲得し、アメリカに承認されるのなら、アメリカ合衆国にいる奴隷も同じように扱わなければならなくなる。

ヨーロッパの大国も同様に、奴隷が自ら自由を勝ち取った国を認めたがらなかった。世界で孤立し、南北アメリカの他の国々やヨーロッパにパートナーとして認められていれば、貿易や交流の恩恵を得られただろうが、それもなくハイチはもがき苦しんだ。非承認の理由としては、外部の者には干渉しようもない内部の抗争もあった。結局、ハイチは建国の苦しみを完全には克服で

トゥーサンは1802年にフランス軍に捕らえられ、フランスで死んだ。のちにハイチとなる土地にいたかつての奴隷たちはフランス軍を打ち負かした。30年後に描かれたこの絵は、当時の戦争における数々の衝突の一場面を描いている。1804年、ハイチはアメリカ大陸で２番目の独立国となった。（南フロリダ歴史博物館）

きなかった。奴隷所有者を恐怖に陥れた国。このイメージは変わらなかった。

１８０４年以降、ハイチの奴隷は自由の身になった。だが、それ以外の古い砂糖生産地では相変わらずサトウキビが育ち、相変わらず奴隷が命を削って収穫していた。イギリスでは、クラークソンや彼の仲間が好機到来を感じていた。フランスの革命の盛りは過ぎ、ナポレオンの砂糖の夢は潰《つい》えた。イギリスはもはや言い逃れできない。奴隷廃止論者は国民に問いを投げつけた。イギリスはキリスト教のもとに築かれた国か、それとも人間を物として扱う国なのか？

1806年、イギリスが奴隷貿易に関わることを制限する法案が奴隷反対派によって議会に提出された。法案に賛成する参考人の意見でとりわけ強力だったのは、元陸軍将校たちの証言だった。彼らはカリブ海に赴《おもむ》き、元奴隷の勇敢さ、奴隷制度のおぞましさを目の当たりにしていた。奴隷と実際に戦った男たちの証言を通して奴隷の声が届けられた。議員のひとりは島で目撃した拷問の様子を同僚たちに語った。奴隷制とは、世界政治の駆け引きにおける抽象概念でも経済力でも取引材料でもない――人間の苦難だ。議会の議員たちは奴隷制の現実を目の前に突きつけられた。ちょうど、クラークソンが手錠や鞭を掲げて演説を行っていたときの聴衆のように。

奴隷廃止論者の最初の成果である1807年の奴隷貿易法成立を記念する硬貨。だが、実際に鋳造されたのは1830年になってからで、解放された奴隷のためのアフリカの植民地、シエラレオネで使用された。イギリスでは奴隷廃止論者でさえ、卑しい奴隷がひざまずいて自由を請う姿を図柄にしていたが、アフリカで使うために作られたこの硬貨には、イギリス人とアフリカ人がほぼ対等に描かれている。（国立海洋博物館）

議会が新しい法案について議論しているあいだ、クラークソンたちは全国各地で講演や演説を続け、人々の考え方を変えようと努めた。彼らの活動は成功した。奴隷船がひしめく港を抱えるブリストルでさえ、「世論は、生身の人間の取引を継続するのには反対だとはっきり示している」と新聞記事に書かれた。

奴隷制度廃止運動のもうひとりの指導者、ウィリアム・ウィルバーフォースは国内の空気が変わったのを感じていた。「神は人間の心を変えることができる」と彼は驚いた。議員の多くも同じ変化が「国民の感覚」に起きているのを感じ取っていた。[16]１８０７年、イギリスが奴隷貿易に関わることを一切禁じた法案が貴族院を通過し、次いで庶民院でも可決された。同年3月25日正午きっかりに、国王ジョージ3世が署名し、この法律〔奴隷貿易法〕は成立した。わたしたちはこの日を記憶し、称《たた》えるべきだ。この法律によって奴隷が解放されたわけではないが、これで世界が大きく変わった。アフリカから最も多くの奴隷を運んでいたのはイギリスだった。砂糖と奴隷のおぞましい歴史のこの部分は終わった。同年、アメリカ議会でも奴隷の輸入に関わることを禁じた法律が成立した。人間は誰であろうが所有物となり得るのかという大きな論争において、潮目が変わろうとしていた。それでもなお、奴隷制と砂糖と自由が絡み合う物語には、もうひとつ、悲惨きわまりないどんでん返しがアメリカ合衆国で待っていた。

「砂糖買収」と死の州

1930年代、アメリカの報道記者たちは南部一帯に散らばり、そこで歴史的証言を集めた。奴隷として生まれたアフリカ系アメリカ人の何人かはまだ健在で、60年前の暮らしについて語った。彼らの証言を通して、わたしたちはようやく砂糖奴隷の実態について、経験者の話を聞くことができた。

ルイジアナのサトウキビ収穫の様子を描いた1875年製のこの版画を見ると、畑のそばに工場が建てられていたのがわかる。ルイジアナでは製糖が始まったのは遅かったので、すでに蒸気機関が開発されており、サトウキビ収穫の果てしない作業は、そのスピードに合わせて行われた。（アメリカ議会図書館）

ルイジアナの砂糖プランテーションで奴隷として育ったエレン・ベッツは「サトウキビ畑は見渡す限り続いていました。そこで一日中」働いたと語った。セシル・ジョージは自分が「ひどい時代――奴隷時代に生まれた」と振り返る。「みんな働きました、幼い子供も、年寄りも。サトウキビを2本でも3本でも運べるなら誰でも働くのです。日曜も月曜も同じです……国じゅうでそこだけが不信心者の土地のようでした」。彼女が言いたいのは、ほかの州では奴隷が教会へ行けるように日曜は休日だったということだ。だが、ルイジアナではそうではなかった。そこでは砂糖が神であり、労働が唯一の信仰だった。(17)

ハイチ人がフランス軍を撃退したとき、ナポレオンは世界有数の砂糖生産地の支配権を失い、それとともに砂糖で巨額の利益を得ようとする野望もくじかれた。その結果、スペインから得たばかりの北米の土地には使い道がなくなった。そして、戦費の支払いに金が必要だった。彼がジェファーソンに広大なルイジアナ領を1500万ドルという破格の安値で売却した背景にはそういう事情があった。教科書で「ルイジアナ買収」(1803年)と呼ばれているこの出来事は、本当なら「砂糖買収」と呼ぶべきだ。アメリカ人がやがて国土となる大陸中央部を手に入れたのは、もとをただせばハイチ人が自由を獲得したからだった。しかし、皮肉にもこれがハイチの奴隷所有者に新しい家を与えることになった。

ハイチの革命を逃れた砂糖農園主のなかには、キューバのオリエンテ地方や、北米のルイジアナに移る者もいた。ハイチのプランテーション所有者や監督がニューオーリンズに行き着いた頃には、奴隷廃止論者がアフリカ人奴隷貿易を禁止に追い込もうと懸命になっていた。だが、悲しいことに、そのような活動もルイジアナの状況改善には無関係だった。実際、奴隷たちが「ひどい《ラウジー》アンナ」と呼ぶこの州は、アメリカに住むアフリカ人にとって最悪の場所だった。カリブの再現、死刑宣告同然だった。

　アメリカのそれぞれの奴隷州では、奴隷貿易が禁止されたあとでも奴隷人口は増え続けた。その理由は充分な数の奴隷の子供たちが生まれ、育ち、大人になるまで生き延びたからだ。しかし、例外が一カ所だけあった。ルイジアナだ。そこでは現地生まれの奴隷の人口は減り続けた。砂糖は人殺しだ。

　カリブ海地域とは違い、ルイジアナは寒波に見舞われた。そのため、サトウキビ収穫にはさらなる苦難がのしかかった。奴隷たちは圧搾機のスピードに合わせてサトウキビを刈るだけでなく、10月中旬から12月のあいだにすべての畑で収穫を終えなければならない。しかも、蒸気駆動の改良型圧搾機が導入されてからは、さらにペースを上げる必要があった。人々は天候が変わるよりも速く、機械のスピードに合わせて働かされた。

　この厳しい生活については、元奴隷が残した言葉からうかがい知ることができる。イーフリイム・ノールトンは１８５７年にルイジアナのプランテーションの奴隷監督となり、誰彼かまわず働かせた。幼い子供たちは「乳飲み子隊」に組み入れられ、サトウキビ畑の除草に駆り出された。[18] 彼らの兄や姉で、11歳から15歳ぐらいの少年少女は畑で働く人に水を運ぶ役を担った。生き延びたごく少数の年寄りで、もう畑で働けなくなった奴隷でさえ仕事を与えられ、いくら身体が不自由になっても、道具を修理したり、新たに負傷した奴隷の世話をさせられたりした。

自分たちの奴隷がたいてい30歳までには死んでしまうと気づいたルイジアナの砂糖農園主は、非常に慎重になった。奴隷を買うとき、10代後半の健康そうな若者だけを選んだ。ルイジアナで買われた男性の平均身長はほかの奴隷州で買われた男性のそれより2・5センチ高かった。アメリカの砂糖地獄に連れてこられた奴隷10人のうちの7、8人はこれらの十代の若者だった。残りは若い女性で、年齢はだいたい15、16歳だった。その短い人生のあいだ、彼ら彼女らに求められた仕事は子供をもうけることだった。エリザベス・ロス・ハイトは「だんなさまが願っていたのは、女にはぜひ子供を産んでもらいたいということだけでした」と証言する。奴隷が生んだ子供たちは働かされるか、売られた。奴隷の監督、S・B・ラビーは「レイチェルは日曜日に〝元気な男の子〟を生んだ。もしサトウキビの収穫で不足分が出ても、黒人の出産で補えるだろう」と述べている。つまり、奴隷所有者は砂糖で得られる利益よりも多くの金が必要になった場合、生き延びている奴隷なら誰でも売り払うことができたのだ[19]。

ジャズはルイジアナで生まれた。人口構成がほぼ十代の男性という状況がそれをうながしたのではないだろうか？　語りかけ、競い合い、世界に向かって自分が何者であるかを伝える方法として音楽を生み出したのではないか？　プエルトリコのボンバ、ブラジルのマクレレ、ルイジアナのジャズと同じだ。おまえたちは砂糖を生産する機械の歯車のひとつに過ぎないのだと主人に言われた人々が、生きているという実感、人間らしく生きる実感を味わい、理想や夢、情熱に浸るひとときをこれらの音楽から得ていた。奴隷たちはまた別の方法でも意思表示をした。１８１１年、サン＝ドマング出身の自由黒人チャールズ・デスロンデスは、アメリカ合衆国史上、最大規模といわれる奴隷の反乱を指揮した。彼は奴隷を集めてプランテーションを攻撃し、それから南のニューオーリンズへ向かった。そこで黒人と白人の混成部隊と衝突し、少なくとも66人の奴隷と2人の白人が命を落とした。反乱は失敗に終わった。だが、これはルイジアナとハイチのあいだの強い結びつきを示す証拠だ。白人はハイチを支配していた頃を思い出し、黒人は自由のための戦いを思い出した。

アメリカ合衆国の砂糖の物語はルイジアナが中心となる。だが、ニューヨークをはじめ、いわゆる自由州でさえ、奴隷が作った砂糖の輸送や販売で大儲けしていた。南北戦争で国が分断されると、北部諸州はミシシッピ川沿いのプランテーションから砂糖を入手できなくなり、そこで海の向こうへ目を向けた——楽園、ハワイへ。

楽園の砂糖——「夢見てきたが」

ハワイはサトウキビのふたつの旅路が出合うところだ。１１００年頃、最初にハワイに移り住んだ人々は、太平洋を渡る長い旅にサトウキビの茎を携えてきた。したがって、19世紀にヨーロッパ人がハワイ諸島を探検し始めた頃［ジェームズ・クックの上陸は１７７８年］には、みずみずしい緑のサトウキビが海岸から丘のてっぺんまで、うっそうと繁《しげ》っていた。これまで見てきたように、サトウキビの西向きの旅はニューギニアからインドへ、そしてペルシア、中東、地中海、アゾレス諸島へ進み、コロンブスによって新世界へ到達した。19世紀までには、サトウキビ栽培を手がける者はハワイの豊かな緑に注目し、砂糖プランテーションの運営方式をハワイ諸島に導入した。プランテーション、圧搾、精製について熟知していた栽培者は、コロンブス到達時のイスパニョーラ島のように美しいハワイ諸島で砂糖が取り放題だと思った。

だが、骨の折れる労働を誰にやらせればいいのか？　アメリカ合衆国は南北戦争の真っ最中だった。アフリカから奴隷を連れてくることはできない。そこで、彼らは東へ目を向けた――中国だ。

ハワイでは、農園主は最初、畑で働かせるために中国から男ばかりを連れてきた。１８５０年代、中国人労働者は安く使われたが、奴隷ではなかった。中国人が増えると、彼らは賃上げと労働条件の改善を要求し始めた。その危険な考えを押さえ込むため、１８６０年代、農園主は日本から男たちを連れてきた。ちょうど日本人が同じように要求し始めたとき、アメリカ合衆国はスペイン・アメリカ戦争に勝利し（１８９８年）、その結果、フィリピンを獲得した。中国人や日本人と競わせるため、今度はフィリピン人男性がサトウキビ畑に連れてこられた。同様に朝鮮人やポルトガル人も連れてこられた。スペインにはハワイの砂糖産業で働く労働者募集の広告が出された。本土から少数だがアフリカ系アメリカ人もやってきた。

今度もまた、音楽や歌が砂糖労働者を元気づけるのに役立った。主人にわからないように「会話」するのだ。日本人男性は金が貯まると縁談を求めて故郷に手紙と写真（本人か、本人より若くて美男の写真）を送り、ハワイに写真を送ってくる女性、いわゆる「写真花嫁」と結婚した。

ハワイの砂糖労働はカリブ海のそれと同じだ。現場監督が馬上から見張るなか、労働者の一団がサトウキビを刈る。違うのは、働いているのがアジアから来た男女という点だ。（ビショップ博物館）

徐々に、日本人女性も男性とともに砂糖プランテーションで働くようになった。

日本人女性は畑で「ホレホレ節」を歌った。ホレホレとはハワイの言葉で「葉を落とす」を意味し、節とは日本語で「歌」を意味する。こうした労働歌の歌詞にも複数の言語が混ざり合い、島の暮らしが多様性に富んでいたことがわかる。労働歌にはユーモラスなものや艶歌もあったが、この歌のようにトーマス・シルスウッドと恐ろしい砂糖地獄の日々を想起させる歌もあった。

地震、雷
こわくはないが
ルナ〔監督〕の声聞きゃ
ぞっとする

ハワイの砂糖労働者は奴隷ではない。彼らは自分で選んで来た。だが、苛酷な生活に変わりはなかった。

ハワイ、ハワイと
夢見てきたが
流す涙も
キビの中[20]

アフリカ人がプランテーションの働き手として連れてこられたときは、そこで新しい家族をもち、新しい言語を学ぶことを強いられた。彼らは新しい生活に故国の習慣を取り入れる方法を模索した。「ホレホレ節」からは砂糖労働者がいつもどうやって気力と慰めを得ていたか、そのヒントが示されている。

カネはかちけんヨー（夫がサトウキビを刈り）
ワヒネはハッパイコー（わたしは刈り取った茎を運ぶ）
夫婦そろうて共稼ぎ

ハワイのサトウキビ農園主は奴隷が使えなかったため、次々と異なる民族集団を入れ替え、新しい労働者と古い労働者とを競わせることで賃金を低く抑えた。ところが、このような溝を生じさせる目論見《もくろみ》のせいで、奇妙な事態になった。ハワイを世界一多くの民族が住む土地にしたのだ。したがって、１９５９年、ハワイがアメリカ合衆国の州になったとき、ハワイの歴史の大きな部分を占める「砂糖地獄」は影を潜め、国の特徴である多文化社会のほうが際立っていた。

ハワイの砂糖により東洋と西洋がつながった。そして、物語はついに冒頭で触れたイスラエルでマークが聞いた話、マリナがガイアナで知った事実へと進む。それはまさに砂糖作りの実態を見たり聞いたりできるようになった時代、人間の自由と、物扱いされる人間との対立が最高潮に達した時代に当たった。

第4章 わたしたちの物語に戻って——新たな労働者、新しい砂糖

新たな奴隷制度

イギリス領インド、１８７０年代。

物語は市場から始まる。あなたはそこに野菜を売りに来ているか、日雇いの仕事を探しに来ている。あるいは、ただ市場の雰囲気が好きでぶらついている。

知らない人が近づいてきて小声で話しかける。「いまの賃金に不満はないかい？　もっと稼ぎたくないかい？　割のいい仕事があるんだけど」。あるいは、その人はあなたにロティ（パン）とレンティル（スープ）をおごり、新しい生活、よい給料の話をして、貧しい親に送金もできると請け合う。あるいは、もうひとり別の男（おとりだが、あなたはそれを知らない）がいて、すぐに金持ちになれると断言する。そこで、あなたは誘いに乗る。男はあなたと一緒に暑く、乾いた道を歩きながら、ほかの人にも同じ話をして人を集めていく。もしあなたが尻込みしたり、疑ったりしたら、言葉巧みな男はこう切り返す。「いいだろう。だが、この何日か食事をおごってやっただろ。その代金を支払え」。もちろん、あなたにそんな金はない。だから、あなたはその新しい仕事に就くために男と一緒に行くしかない。

男はあなたの行き先について、ほのめかす場合もある――「ダムラ（デメララ）」と。デメララとはガイアナにある川の名前だが、地名でもあり、場合によってはイギリス領ギアナ（現ガイアナ）そのものを指した。今回、この不審な男が何を言おうが、あなたは自分がどこへ行くのか、そこで何をするのかもよくわかっていない。これは移民のあいだでは「タプに行く」と言われた。タプとは具体的な地名ではなく、「いなくなった」とか「消えた」に近い意味で使われ、不吉なニュアンスがこもっていた。

これは年季奉公と呼ばれた[1]。サトウキビ畑の労働力を確保する新たな仕組みだ。そして、これはカリブの砂糖諸島から何千キロも離れた土地、インドで実施された。

この制度の種が蒔《ま》かれたのは、１８２３年、イギリスの植民地ギアナだった。のちのイギリス首相ウィリアム・グラッドストーンの父、ジョン・グラッドストーンはそこに１０００人以上の奴隷を所有していた。そして、当地に着任してきたばかりの、理想に燃える若いイギリス人宣教師ジョン・スミスは、そこで徐々に奴隷たちの信頼を集めていた。スミスは、モーゼがユダヤ人を率いてエジプトを脱し、自由へと導いた話を繰り返し説いた。奴隷たちは説教に聞き入り、理解した。スミスは聖書について語っているのではなく、いまの話をしているのだ。その夏、スミスの説教を聞いたあと、３００人を超える奴隷がマチューテや棒を手に蜂起した。植民地長官は炎上するプランテーションにただちに駆けつけ、武装した奴隷の集団と対面し、何が望みだと聞いた。

「わたしたちの権利です」という答えが返ってきた。ハイチとまったく――それを言うならアメリカやフランスとも――同じことが起こっていた。奴隷たちは、自分たちは物ではない、エジプトにいたユダヤ人同様、神の子であり、基本的人権を有しているのだと主張した。

イギリスでは奴隷貿易は禁止になっていたが、砂糖植民地の支配者たちは、奴隷が望む完全な人権をなかなか認めたがらなかった。長官は軍隊を投入し、奴隷の反乱を恐ろしい暴力でねじ伏せた。逆らった奴隷たちは畑を追いまわされ、近くの森に逃げ込んだ者も兵士に捕まった。反乱の指導者とされるカミーナは捕らえられ、グラッドストーンの数あるプランテーションのひとつの門前にその遺体を鎖で吊《つる》された。そして、ジョン・スミスは裁判にかけられ、本国で死刑に処するという判決を受けた。だが、彼は船がロンドンに着く前に結核で死んだ。

スミス師死亡の報をきっかけに、イギリスの新聞各紙や議会では激しい非難の嵐が巻き起こった。奴隷制は残虐行為で成り立っている。聖職者、それも理想に燃える白人のイギリス人聖職者の死により、ますます多くの国民が奴隷制を非人道的なものと見なすようになった。こうした流れはすぐに奴隷制を廃止に追い込んだわけではないが、終わりは見えていた。

奴隷所有者はこれまでいつもイギリス貴族の支持をあてにできた。貴族は自分たちの権力を少しでも弱める変革を嫌ったからだ。しかし、奴隷廃止論者がアフリカ人の権利を訴えていた頃、イギリス議会はもっと多くの国民に投票権を与えることを真剣に検討し始めていた。それはまさに大きな国の大時計の針が正午に向かって刻々と近づいていくような感じだった。海の向こうの時代後れの奴隷制と国民のわずか3パーセントによって選ばれた議会が日ごとに、毎時、毎分、毎秒、終わりに近づいていく。悲惨なギアナの反乱からちょうど10年後の１８３３年、奴隷制度廃止法がついに成立した。王がいて、貴族がいて、階級社会であるイギリスが奴隷制そのものを違法としたのだ。１８３８年８月１日、すべての奴隷は解放された。クラークソン、ウィルバーフォース、そして彼らに賛同した奴隷廃止論者が勝利した。クエーカー教徒のウィリアム・アレンは奴隷制に反対して半世紀近く砂糖を絶っていたが、自由人の作った白砂糖を紅茶にひと匙《さじ》入れて50年ぶりに飲んだ。

奴隷制度廃止は人権にとって大きな一歩だった。では、砂糖プランテーションにとって、それは何を意味しただろう。プランテーションは収穫から圧搾まで24時間体制で行うため、きわめて安い労働力で成り立っていた。奴隷の指導者カミーナの死体を鎖でプランテーションの門に吊した、あのジョン・グラッドストーンは1836年、船会社に手紙を出している。彼が所有するプランテーションの働き手（俗語で〝苦力《クーリー》〟と言った）として、100人のインド人を送って欲しいと頼んでいるのだ。1838年、グラッドストーンの最初の船団、ウィットビー号とヘスペラス号はそれぞれ249人、165人を乗せ、デメララ目指して出航した。

これが砂糖の物語の新たな章の始まりだった。

「黒い水」を渡る

なぜインド人は国を出てまで砂糖の仕事に就いたのか？　当時、インドは非常に貧しく、特に北部一帯の農村は飢饉《ききん》と干ばつに見舞われ、人々はしかたなく村を捨てた。働き口を見つけるために故郷を出て行くことは以前にもあった。だが、砂糖の仕事には問題というか、落とし穴があっ

解放されてプランテーションを去ったアフリカ人の代わりに、イギリスはカリブ海のイギリス領ギアナにインドから労働者を送り込んだ。この8枚の写真は新たな砂糖労働者を写したもの。イギリス人は、インド人たちがそこで金持ちになって豊かに暮らしていると印象づけようとした。なかには英国式の服装をした男性の写真もある。「黒い水」を超えたインド人の数は、女性よりも男性がはるかに多く、写真はその比率とはかけ離れている。だが、年季奉公人たちが故郷の服装、言語、信仰を持ち込み、カリブ海地域の様相を変えたのは間違いない。(国立海洋博物館)

た。インドには多くの宗教が混在する。イスラム教、仏教、シーク教、キリスト教、パルシー教、ジャイナ教が信仰され、インド人のユダヤ教徒もいる。だが、大半のインド人はヒンドゥー教徒だ。そして、伝統的なヒンドゥー教徒にとって、インドを出て海を渡ること――「黒い水を渡る」という意味の〝カリ・パナ〟と呼ばれた――は、禁じられていた。その重大な禁を犯した者は不浄とされた。

インドのヒンドゥー教徒は、社会での身分を強く意識する。誰もが生まれながらの「カースト」――社会での役割――をもっている。ちょうど「ハチミツ時代」のヨーロッパ人のように、ヒンドゥー教徒は先祖代々同じ仕事に就いた。だが、「黒い水」を渡った人はそのカーストを失う。その人は自分や自分の家族が何世代も受け継いできた身分を失ってしまう。国を出て行った人は誰でも、特別な儀式を行わない限り、二度と戻れないし、家族や友人知人、村の仲間にも相手にされない。

船会社に雇われたアーカティス(人集め役)もインド人だった。だから、田舎の人々が海を渡りたがらないのをよく知っていた。同時に、彼らが空腹で、切羽詰まっていることも知っていた。そして、人集め役は農村一帯に散らばり、屈強な男を探した。トリニダードに向かって旅立とうとしていたバーラータは、のちにその時のことを振り返って語っている。[2] 彼の英語はわかりづらいが、カリブの砂糖植民地のインド人はこのような話し方をしていたのだ。「彼言わない、わたし、チンダッド行く。彼言わない、帰らない、おふくろ、おやじ、もう会えない（わたしがトリニダードに行くことを彼は教えてくれなかった。もう二度と戻れないことも、母や父にもう二度と会えないことも教えてくれなかった)」

バーラータのような人々はまず地方の支所に集められ、そこで地区担当者に情報——氏名、出身地、カースト——を記録され、それから何百キロも離れたコルカタにある乗船待機所へ連れて行かれた。待機所——港近くの、高い塀で囲まれた複数の建物——で待つのは奇妙な体験だった。おそらく生まれて初めて故郷を遠く離れ、突然、違う言葉を話す人々と一緒に過ごすことになった。これまでは先祖の代から知り合いだった隣人と暮らしてきたのに、それが自分について何も知らない人々のなかに放り込まれたのだ。全員が予防接種を受け、食事用の金属製の器と暖かい服を与えられた。女は上着とスカートとペチコートを与えられ、男はウールのズボン、ウールの上着、帽子、靴を与えられた。彼らは5年の契約を結んでいた。その間、日当が支払われ、契約期間が終わればインドへ帰る旅費も支払われることになっていた。

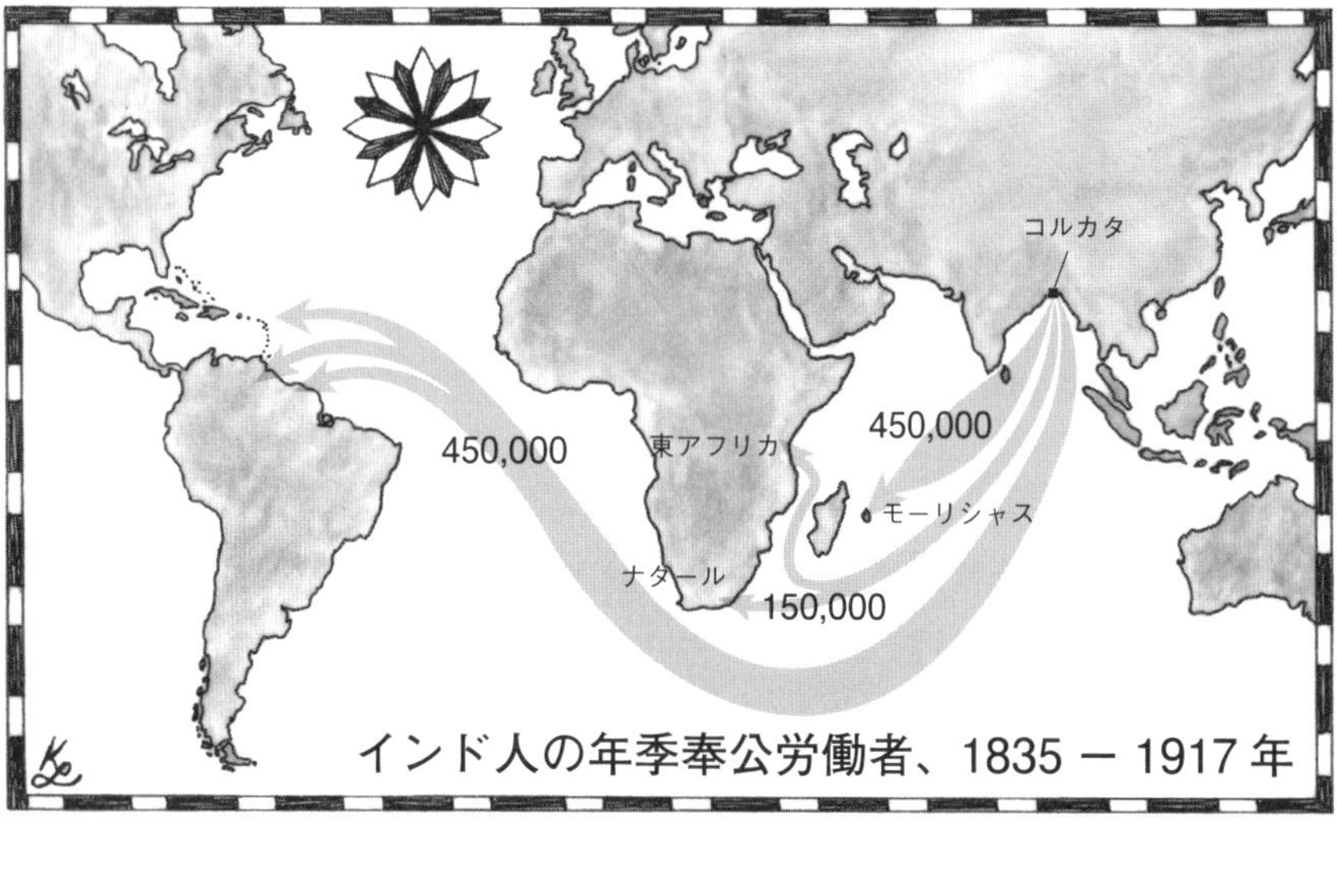

インド人の年季奉公労働者、1835 − 1917 年

クーリーたちが出発する日、ひとりひとりに「ブリキの札《ふだ》」が配られた。これは身分証がわりで、首からかけるか、腕にくくりつけた。砂糖プランテーションに送り込まれたアフリカ人奴隷は名前を失った。彼らは単なる所有物となった。年季奉公のインド人も嘘《うそ》をつかれ、だまされ、プランテーションの安い労働力とされてしまったが、それでも彼らは人間だった。個々の名前は台帳にきちんと記録された。

それから、彼らは海の向こうへ出発した。

長い船旅だった。ときには27週間もかかり、アフリカ人を次々と奴隷にしては新世界へ運んだ、あの中間航路よりもはるかに長かった。彼らは船倉で過ごした。男は片側に、女子供はその反対側に集められていた。彼らはだいたい早起きし、甲板に出ることを許され、新鮮な空気を吸ったり、踊ったり、歌ったりした。だが、ときどき故郷を恋しく思う気持ちが湧《わ》いてきて、それが熱病のようにみんなのあいだに広がった。悲しみのあまり、衰弱する者もいた。

船上では、新しい仲間意識も生まれた。国を遠く離れ、自分たちを「ジャハジ・バハイ」、船旅の兄弟《シップ・ブラザー》と呼んだ。次の歌からは、インド人がどんな夢を抱いて船に乗ったかがわかる。

船旅の兄弟

いいかい、よく聞いてくれ
いっしょに来てくれ
いい仕事を見つけてあげよう

メス（金持ち）に、サーダー（ボス）に、サヒーブ（主人）にしてあげよう
行こう、シティラムという国へ連れて行ってあげよう
その国はコルカタの隣にある
そこには金の鉱脈がある
そこでは金の器に盛った食事が出る(3)

こうして、彼ら船旅の兄弟たちは未知の世界に足を踏み入れた。

奴隷と自由人、その中間

年季奉公の労働者は奴隷ではないが、かといって完全な自由人とも違う(4)。船旅のあいだに疲れ切り、方向感覚を失った新たな労働者がカリブ海地域に着いたとき、そこは奴隷時代とあまり変わっていなかった。まず移民管理所でどのプランテーションに行くか決められた。それから、彼らは古い奴隷宿舎へ案内される。平屋の狭い小屋に数人が押し込められ、木製の簡易ベッドで寝起きすることになる。床は水はけが悪く、湿気が耐えがたい。

相変わらず、砂糖の仕事は苛酷《かこく》だった。労働者は朝早く起床し、最初の数ヶ月は「慣らし」が行われた。鍬で土を耕し、草を取り、刈り取ったサトウキビを荷台に積むといったきつい肉体労

働に慣れるのだ。「慣らし」が終わると、今度は別の仕事を教えられるか、運が良ければ工場の仕事に就いた。契約では1日7時間労働で賃金24セントとなっていた。だが、最初の数ヶ月間は、週8セントが食費として差し引かれた。それに、契約書になんと書かれていようが、1日の労働が7時間で済むわけがなかった。ほとんどの場合、彼らはうだるような暑さのなか、日の出から日没まで働いた。彼らは奴隷のように手枷《てかせ》をはめられたり、鞭で打たれたりすることはなかったが、その生活は恐ろしい監督によって完全に支配されていた。

労働者がプランテーションを出るには通行証が必要だった。そして、もし許可なく外の様子を見に出かけたら、投獄されるか、重労働を課せられるか、必死で稼いだ賃金の一部を没収された。畑で「怠け」たら、1週間分の賃金を失う場合もあった。さらに悪いのは、逆らったり、抵抗したりすると、別のプランテーションへ移された。そして、体罰や不審死があった。歴史家のヒュー・ティンカーが述べたように、それは仮出所中の囚人のような暮らしだった。

砂糖植民地では、奴隷制の傷あとがはっきり見てとれた。元奴隷のアフリカ人はすぐにプランテーションを出て、農業に挑戦したり、近くの町に移ったりした。ある農園主が述べたように「黒人が奴隷労働で自分たちの涙を吸い込んだ土壌で、自由人になったとはいえ、そこで感謝しながら陽気な気分で働けるわけがない」。だが、元奴隷にできる仕事は限られていた。契約書にある通りの端金《はしたがね》で働くインド人がやってくる限り、アフリカ人の賃金は低く抑えられるのだ。

植民地に大挙して押し寄せ、労賃の下落を招く新参者を元奴隷たちは快く思っていなかった。インド人クーリーと元奴隷はたちまち反目し合った。これは分断と支配という管理法に長けている農園主にとっては好都合だった。農園主は彼らを対照的なふたつの集団に分け、どちらも偏見に満ちた目で眺めた。かつての奴隷を怠け者とする一方、インド人を意気地なし、おとなしい子供と呼んだ。「忙しくてやることがいくらでもあり、黒人か混血の有色人種に仕事を与えても、やつらはやらないだろう」と農園主のW・アリーン・アイルランドは述べている。その言葉は、元奴隷がかつての主人の土地で働くのではなく、独立して自営したいと望んでいることを都合よく無視している。監督はインド人がおとなしいのを褒めたが、軽蔑してもいた。インド人の「国民性といえるのだが、誰もが卑屈な奴隷根性の持ち主だ」と、ある監督は述べている。

そして、このような苦難や偏見にもかかわらず、多くのインド人は年季が明けたあとも、植民地に留《とど》まった。19世紀末までには、5年の契約を終えたあとに帰国するのは全体の4分の1になっていた。それは、彼らが依然として貧しかったからでもある。あるいは、故郷に戻ってもカーストを破ったために村から追放されたとか、親戚に金をむしり取られたとかいう話も伝わっていた。だが、新世界に残った人の多くは、そこには新しい生活があったためにそうした。そして、19世紀後半、当局はインド人労働者に新たな条件を提供した。カリブ海地域に残るなら、わずかだが土地が与えられることになったのだ。砂糖農園で年季明けまで働けば、その後、自分の土地で農業ができる。

マリナの一族はこの時期に栄えた。彼女の曾祖父はイギリス領ギニア有数の大規模農園、ポート・モラントで労働者のリーダーとして働いていた。土地はどこよりも乾燥し――マラリアの危険は少ない――畑として使われていない草原ではクリケットの名勝負が行われた。同名のポート・モラントという活気ある町ができ、学校や病院まであった。曾祖母は食料雑貨店を営んでいたため、夫婦で稼いで蓄えもでき、娘のひとりを植民地初のインド人弁護士に嫁がせることができた。マリナの祖母は持参金として大きな家をもらっていた。後年、自動車修理工場に変わっているのをマリナ自身が知る、あの家だ。

20世紀になると、植民地は変わり始める。砂糖はまだ地元の経済を占めていた。だが、しだいに「自由な」労働者が増えていった。彼らは農園を出て、自分の家に住み、砂糖の労働と自分の商売を兼業した。インド人の店主や貿易商、米を作る農民がいた。アフリカ人も都市に移住し、事務員や教師、裕福な家の召使いなどになった。新しい社会が生まれようとしていた。奴隷制という暗い歴史から始まったが、未来に向かって進んでいく社会だ。

プランテーションの所有者たちは、自らをこの変わりゆく砂糖生産地の慈悲深い支配者と見なし、無知で子供っぽいクーリーの面倒を見ているのだと自負していた。その支配者の彼らはたびたび裁判に訴えたが、それは正義を行うためではなく、権力を維持するためだった。それでも、奴隷制の時代とは明確な違いがあった。いまや奴隷制度廃止は法に定められ、議論の余地はない。双方が署名した契約書があり、銃や拷問による支配は終わった。そして、その変化は、注目すべき、謎の多いひとりのインド人の言葉からうかがえる。

改革

1896年、イギリス領ギアナに年季奉公で来ていたベシュと名乗る男が、砂糖プランテーション――彼らは「農園」と呼んでいた――の実状を暴露する記事を地元の新聞に寄稿し始めた。コルカタに生まれ、孤児となったベシュは社会の最下層に属していた。(5) やがて、宣教師に引き取られ、英語を学び、その後、コルカタ在住の様々なイギリス人の元で働いたあと、年季奉公の契約を結んで海を渡った。ベシュは優れた英語力を生かしてイギリス領ギアナの高級新聞に投稿した。彼は農園主が契約の条件を逃れるために行っている、狡猾《こうかつ》なやり口を紹介した。

インド人は1日7時間労働で、規定の日当を受け取ることになっていた。しかし、農園主は「作業量」に応じて給料を支払いたいと考えた。労働者が決められた作業を完了したら、賃金を支払うというのだ。当然、農園主は7時間ではとうてい終わらない仕事を与え、労働者は日の出から日没まで働く羽目になった。ベシュは、これが違法であり不正行為だと示した。「年季奉公で、時間に縛られ一日中監督に急《せ》かされながら働いている人は多い」。それでも契約書に提示された金額を「稼げない」のだ。

農園主の何人かは、クーリーをだましていると言われるのは心外だと新聞に反論を寄せた。文面は怒りに満ちていた――不遜にもイギリス人の倫理観を疑うインド人に対する怒りだ。農園での状況を調査するため、1897年に委員会が招集されると、農園主にとって憎むべきインド人、ベシュが証拠を提出するために陪審員の前に姿を現した。洗練された英文を書くベシュは本当にインド人なのかと疑っていた人々にとっては、じつに癪《しゃく》に障《さわ》る出来事だった。だが、ひとりの無遠慮なインド人を黙らせたいと思っていた農園主には、それを上回る心配の種があった。

権利や法律や労働条件をめぐる衝突の下で、農園主たちはさらに深刻な事実に気づいていた──「砂糖時代」が終わりに近づいている。いまやプランテーション労働は多くの法律や規定で管理され、ベシュのようなクーリーでさえ、それを用いて農園主に異議申し立てができる。労働者は人間であって、物ではない。その一方で、砂糖の市場価格は急落していた。農園主はもはや経済の柱としての影響力を失った。古い方式がもう機能しなくなっただけの話だ。では、なぜ砂糖の価格が下落したのか？　それは別の土地に競争相手が現れたからだ。

こうして、マリナの家族とマークの叔母家族の物語がついに交わる時がきた。

砂糖と科学

ナポレオンがフランス砂糖帝国を築く野望を抱き、それをハイチ人が粉砕した話を思い出して欲しい。フランス皇帝の壮大な計画は頓挫したが、抜け目のない彼は別の手を考えた。カリブで砂糖を生産できないとなると、別の供給源が必要になる。だが、世界一のイギリス海軍がいるので、これはなかなか難しい。ナポレオンがサトウキビを栽培できそうな土地をほかに見つけたとしても、イギリスの艦船をすり抜けられないだろう。

ナポレオンは手詰まり状態のように見えたが、彼はこの砂糖の呪縛から逃れる方法を考えた。じつは、解決法はすでにあった――彼はそれについて耳を傾けるだけでよかった。１７４７年、ドイツの化学者、アンドレアス・マルクグラーフはカブを刻んで乾燥させ、それを潰して粉状にした。同じことを甜菜でもやってみた。そして、粉末に含まれる甘味成分である化学物質をていねいに抽出した。それはサトウキビから作る砂糖とそっくりだった。

甜菜に熱帯の気候は必要ない。ヨーロッパ北部の地中でも充分育つ。歴史上初めて、熱帯産の味が寒冷地で育つ植物と完全に一致した。これは現代で言えば、ある科学者がジャガイモからチョコレート味の物質を抽出できると発見したようなものだ。甜菜糖は天の恵みに対する理論と科学の勝利だった。

ナポレオンがイギリス艦隊と戦わずに砂糖を手に入れる方法はないかと考えていたとき、ヨーロッパではすでに数棟の甜菜糖工場が生産を開始していた。ナポレオンは大いに喜び、さっそく数千エーカーの土地に甜菜を植えるよう命じた。１８１４年までにはフランスだけで３００を超える甜菜糖工場ができていた[6]。

１８０６年、彼はある計画を思いついた。海はイギリス人に支配させておけばいい。ヨーロッパの国々にはイギリス製品の購入を禁止する――イギリスを閉め出すのだ〔大陸封鎖令〕。イギリスの港には世界中から輸入した物品が溢《あふ》れるだろうが、ヨーロッパでは互いに売買できる物品に金を使うのだ。ナポレオンにとって残念なことに、イギリス製品を排除するという彼の計画は失敗した。ヨーロッパ諸国のほとんどが彼の規制を無視し、イギリス製品を密輸した。だが、甜菜糖の大成功は、ヨーロッパの別の場所、マークの一族の出身地、ウクライナに多大な影響を及ぼした。

コラム◉砂糖の天才発明家(7)

圧搾《あっさく》したサトウキビを大きな釜からより小さな釜へと順に移し替えては煮詰めていく作業は危険なだけではない。これはとても効率が悪い。より安全で確かな、少ない労力で同様にできる方法を考え出したのは、奴隷の血を引く人だった。ノーバート・リリューは1806年、ニューオーリンズに生まれた。彼の父は裕福な白人の農園主でエンジニアでもあり、自由黒人女性とのあいだにもうけた息子が並外れて賢いことに気づいた。彼は息子をフランスに留学させた。そこでノーバートは合理的に、科学的に実験に挑む手法を学び、甜菜由来の砂糖がサトウキビ由来の砂糖と変わりないことを証明した。そして、ルイジアナに戻り、工学の知識をもとに砂糖作りに取り組んだ。砂糖のシロップを蓋のない釜ではなく、一連の特殊な密閉容器で熱すると、この工程全体が一変することを確認した。何人もの集団ではなく、ひとりでこの作業が可能になり、ひとつの容器から次の容器へ高温を保ったまま移せるので燃料も少なくて済む。リリューがこの発明を1840年代に初めて実際に行うと、農園主たちはすぐにその有用性を認めた。だが、父のおかげで法的に自由を認められている著名な発明家の彼でさえ、ルイジアナでは黒人というだけで安心できなかった。そこで、彼はフランスへ戻った。フランスでは奴隷にされる心配はなかったが、これを発明したのは自分だと言い張る人が次々と現れ、その争いに悩まされた。うんざりした彼はその明晰な頭脳を古代エジプトの神聖文字の研究など、別の分野に向けた。1894年にパリで亡くなったリリューは、19世紀の変わりゆく「砂糖時代」を代表する存在だ。彼は奴隷制のさなかに育ったが、科学を活用して名声を得た。彼自身は自由人だったが、生涯を通じて偏見と闘わなければならなかった。

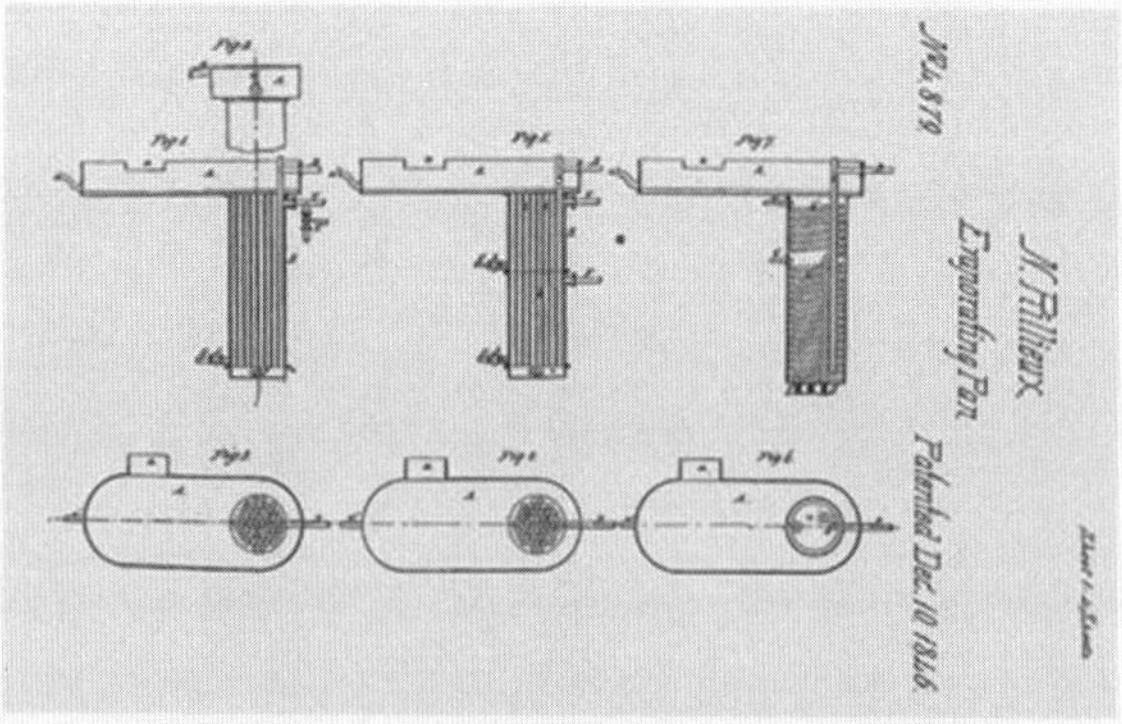

リリューが発明した真空容器の設計図。昔の煮沸釜では熱が逃げたが、こうすれば熱を閉じ込めたまま加熱できる。

農奴と甘味

19世紀、歴代のロシア皇帝は世界最大の領土を保有していたが、そこは時間のひずみにとらえられたかのような有様だった。イギリス人が工場を建設し、お茶を飲み、奴隷貿易反対運動を展開していたのに対し、ロシア人の大半は農奴だった。農奴とは、奴隷と大して変わらない存在だ。どこに住むか、どんな仕事に就くかも自分では選べず、土地と農奴を所有する領主の判断ひとつで罰せられたり、痛めつけられたりした。ロシアで農奴制が廃止されたのは１８６１年、エイブラハム・リンカーンが奴隷解放宣言を行う2年前のことだった。

ロシアの農業は半ば奴隷労働で成り立っていただけでなく、極めて素朴な、昔ながらの方式で行われていた。ヘンリー3世の時代のイギリス人のように、ロシア人は、大富豪以外はまだ「ハチミツ時代」に生きていた。砂糖は特別な来客があったときだけ用いられる贅沢品《ぜいたく》だった。平均的なイギリス人が年に40キロの砂糖を消費していた１８９４年になっても、ロシア人はせいぜい3・6キロまでだった。

だが、ロシア帝国のある地域では、領地をもつ貴族が新しい道具や機械、土壌改良の新しい方法を積極的に試していた。そのある地域とは、ウクライナ北部のことだ。ロシアでも先進的なその地方の領主たちは、製糖技術の噂を聞くと、すぐにやるべきことを悟った。甜菜を植えるのだ。サトウキビから作った砂糖（甘蔗糖《かんしょ》）は、何百万ものアフリカ人を奴隷にし、その後、奴隷貿易廃止運動を推進した。キューバでは近代テクノロジーの導入に関心をもつ新しい農園主が現れ、19世紀にサトウキビ栽培の大規模化が始まった。そうした農園主の何人かがキューバの奴隷解放を主導した。ロシアでは甜菜糖が近代農業への足がかりとなり、その影響で貴族階級が数百万の農奴解放について真剣に考えるまでになった。そして、マークの家族の物語はここから始まる。農奴だったニーナの祖父は甜菜糖を着色する方法を発見し、その金で自由の身になった(8)。

1890年代、甘蔗糖の値は下落し、イギリス領ギアナのサトウキビ農園主は破産寸前だった。キューバでは甘蔗糖生産が急速に発展し、砂糖の値を下げる結果となった。そして、新手法で着色された甜菜糖のほうがカリブ産の甘蔗糖よりも多く売れた。ヴォルガ河沿いのニーナのロシア人祖父と、マリナのギアナのインド人曾祖父が砂糖でつながった。

当時は誰も予測できなかったのだが、甜菜糖はサトウキビにとって唯一の競争相手ではなかった。それは、映画の始まりから3分の2ぐらいで現れる、かすかなヒントのように、「砂糖時代」の終わりは近いと告げていた。なぜなら、完璧な甘味を作り出すのに、もう奴隷は要らない、プランテーションも必要ない、サトウキビさえも必要ないことを甜菜糖が示したからだ。甜菜糖は現在わたしたちが享受する「科学時代」の到来を告げるものであった。甘味はもはや、人を鞭打って作るものではなく、化学の産物である。

1854年、世界の砂糖総生産量のうち甜菜糖はわずか11パーセントだった。1899年にはそれが65パーセントにまで増えた。そして、甜菜糖は甘蔗糖にとって最初の脅威でしかなかった。1879年までに、化学者たちがサッカリンを発見していた。サッカリンとは実験室で生まれた化学合成物質で、天然の砂糖の数百倍の甘さがあった。現在の食品に使われている甘味料には、トウモロコシ由来（高果糖コーンシロップ）や果物由来（果糖）のほか、人工甘味料（たとえば、１９６５年に発明されたアスパルテーム、１９７６年に合成されたスクラロース、商標「スプレンダ」）もある。ブラジルは砂糖プランテーションの労働力としてアフリカ人をどこよりも多く移入させた土地だが、ブラジルはいまも砂糖に最適な土地だ。だが、現在のブラジルのサトウキビ栽培はすべてが砂糖用ではない。アメリカのトウモロコシ農家が収穫物を燃料に変えているように、バイオエタノールを生産するためにサトウキビを栽培しているところも多い[9]。

わたしたちは皆、甘いものを欲しがるが、いまや甘いものがいくらでも手に入るため、その渇望には切りがない。そして、苛酷な労働によって運営されている砂糖プランテーションはいまも存在する。ドミニカ共和国（ハイチの隣国）などで行われている砂糖生産の労働は、イギリス領ギニアにいたマリナのインド人の祖先の時代とたいして変わっていない。きつい仕事で、給料は安く、労働者はたいてい不当に扱われている。だが、砂糖を味わうときにわたしたちの多くが思うのは、化学者がそれについて何を言っているかであり、奴隷監督のことは念頭にない。砂糖の文字を見出しに含めた記事はたいてい、砂糖の摂りすぎを注意するもので、誰がサトウキビを刈り取っているかは話題にしていない。医師たちは、若者が砂糖入りの甘い菓子の食べ過ぎで肥満になっていると警告する。親たちは、甘い炭酸飲料を多く飲む子供が、糖分摂取による興奮状態と糖分切れによる虚脱状態を繰り返すのを不安に思っている。誰も、その砂糖がどこから来るのかは問題にしない。わたしたちの食習慣は「砂糖時代」に大きく変わったが、その時代も終わりだ。そして、終わりがいつ、どこから訪れるかもわかっている。あるインド人弁護士が評判になっていた南アフリカだ。

弁護士

モーハンダース・K・ガンジー（のちに「偉大なる人」を意味する「マハトマ」と呼ばれる）は、インドの伝統的なヒンドゥー教徒の家に生まれた。イギリスで法律を勉強する機会を与えられたとき、彼は年季奉公の砂糖労働者と同じ問題に直面した。「黒い水」を渡ったらカーストを失ってしまう。彼の家族は特別な儀式を執り行い、彼が海外へ出ても社会で元の身分を失うことのないようにした。こうして、1894年、イギリスで勉学を終えたガンジーはふたたび海外へ赴いた。現在、南アフリカ共和国に含まれるナタールで弁護士を開業したのだ。その地を選んだわけは、すでに多くのインド人が年季奉公の砂糖労働者としてナタールにいたからだ。

ガンジーは後年、そのときのことを振り返っている。「ぼろぼろの服を着た男が手に帽子をもち、前歯を2本折られた口から血を流し、わたしの前に立って震えながら泣いていた」。バラスンダラムという名のその年季奉公人は雇い主に暴行を受けたのだ。バラスンダラムはだまされてそんな状況に追い込まれたのだと、ガンジーにはわかっていた。彼が雇い主からいくらひどい扱いを受けても、プランテーションから逃げ出せば訴えられて投獄される。ガンジーは年季奉公の実態を見抜いていた。「ほとんど奴隷と変わらない。奴隷と同じように、年季奉公人は雇い主の所有物だ」

イギリス領ギニアやトリニダード、モーリタニアと同じく、インド人は最初、サトウキビを刈るためにナタールへ送り込まれた。年季が明けても帰国せず、定住して農夫、事務員、商店主になる者もいた。彼らは徐々に自分たちの共同体を作っていった。ナタールの白人定住者は安く使えるインド人は歓迎したが、インド人住民を平等に扱うことには大反対だった。そこで、白人たちはインド人を定住させま

甜菜の収穫はサトウキビの刈り取り作業ほど重労働ではないが、低賃金の難しい仕事だ。1915年に社会改革家ルイス・ハインが撮ったこの写真は、10歳の子供から18歳までの若者がコロラドのシュガー・シティの甜菜畑で働く様子をとらえている。

いと、あらゆる嫌がらせをした。年季奉公人は雇用主から殴られたり、逮捕されたり、特定の地域に閉じ込められたり、家族と離ればなれにされたりした。ガンジーには少しの疑いもなかった――年季奉公制は奴隷制の一種だ。

ガンジーがバラスンダラムのために活動している間に、南アフリカはインド人の生活を困難に

甜菜を掘り出し、葉を切り落とすところ（甜菜）。1939年、コロラドで撮影。第２次世界大戦勃発から２年後に参戦したアメリカでは、戦時中、砂糖は購入量が制限された。（アメリカ議会図書館）

する新しい法案を通過させた。年季奉公人が契約期間後も定住を望む場合、毎年税金を払うことになった。その額は日々の賃金で生活していくのがやっとのインド人には重い負担だった。新しい法律のメッセージは明白だ。おまえたちは一時的な労働力としてナタールに来ただけで、ここに住む権利はない。今日、アメリカ合衆国は、牛の搾乳、トマトやイチゴ、ブドウなど農作物の収穫に、メキシコやその他の中米の国々から働き手を流入させているが、彼らに永住権や市民権を与える規定をめぐっては連邦議会で膠着《こうちゃく》状態が続いている。ナタールの白人同様、わたしたちアメリカ人は、安い労働力は欲しいが、その労働者と彼らの子供たちがアメリカに定住するのは気にくわないのだ。

ナタールのインド人社会は、白人が送ってくるメッセージをはっきり理解した。ここで働け、ここに住み着くな。だが、インド人は物ではない。年季奉公の契約年数だけの存在ではない。彼らはひとりの人間として、完全に平等な市民として認めてもらいたかった。出て行くように命令されることもなく、社会の二等市民として扱われることもないように。ガンジーはインドに戻り、そこでナタールのインド人を管轄しているイギリス人の役人に会って話をした。電報の時代、彼の発言内容は、すばやく南アフリカに伝えられ、白人住民を激怒させた。クリスマスに彼が船でナタールに戻ると、怒り狂った群衆が港で待っていた。彼らはガンジーに向かって押し寄せ、石や卵を投げた。地元の警察判事の妻、アレグザンダー夫人が自分の傘を振り回して暴徒を追い払った。ガンジーは警察署に連れて行かれ、そこで警官に変装して裏口からひそかに出た。

ガンジーはそれまで、白人に対してインド人の待遇改善を訴える弁護士、提唱者だった。彼が提唱する内容は変わろうとしていた。

サティャーグラハ

砂糖は人間の歴史に血の跡を残してきた。アフリカからカリブ海、ルイジアナ、ハワイまで、砂糖プランテーションは残虐行為、拷問、強姦、殺人といった忌まわしい記憶に満ちている。奴隷は反乱を起こすと、自分たちの主人に身の毛もよだつ仕返しをしたが、主人や監督が反乱を鎮圧したあとは、さらに恐ろしい報復にさらされた。年季奉公は奴隷より多少はましだったが、雇い主は労働者を恐怖で支配することで、彼らを安く使い続け、不満を口に出させないようにした。砂糖が生まれるのは暴力という土壌からだった。砂糖の主人と戦う唯一の方法は、労働者が主人よりも冷徹に、頑強になり、流血も厭わなくなることだった。

ガンジーは、年季奉公のインド人がマチューテや銃に頼らずとも強くなれる方法があると気づいた。圧迫者や虐待者に刃向かうばかりが自由への道ではない。自由は人間のなかにもある。砂糖農園主が労働者を所有物のように扱うからといって、インド人は物扱いを受け入れる必要はない。異議を唱え、主張し、その人の価値や評価を決めるのはその人自身である。自分のなかに誇りを持っている人は、どんなに主人から虐《いじ》められても自由だ。ガンジーの南アフリカ時代は、実験の場となり、どうすれば真の意味で自由人になれるかを彼はいろいろ試した。いよいよ、彼は自分の思いを実行に移す時だと思った。

１９０６年9月11日、南アフリカのヨハネスブルグにあるエンパイア劇場には、暗黒法とも呼ばれる「アジア人登録法」についての報告を聞こうとするインド人代表が詰めかけていた。この法は、男女を問わず8歳以上のすべてのインド人に、登録と指紋押捺《おうなつ》を義務づけるもので、翌年施行されることになっていた。登録証を携帯しなければ、罰金を科せられるか、投獄されるか、国外追放になる。インド人社会にとって、登録証は人種差別の屈辱的な象徴だった。彼らは外国人として扱われるだけでなく、犯罪者予備軍と見られていたのだ。ガンジーは劇場の壇上に座り、自分の話す番が来るのを待っていた。彼は前に進み出ると聴衆を見渡し、「どの顔にも、何か変わったことが起こる、起こるはずだという期待が表れている」と感じた。

それから、ガンジーは劇場にいる全員に特別な誓いを立てようと呼びかけた。どんな厳罰が待ち受けていようとも、登録しないこと、政府の決まりを受け入れないことを誓うのだ。この誓約の重さを各自が認識し、自分で判断するのだとガンジーは力説した。「ひとりひとりが」自分に誓わなければならない、と彼は語った。

> 隣人に向き合うのではなく、神と向き合うのです。他人ではなく自分自身に勝つために。なぜなら、誓いの強さは、ひとりの人間が何をすると約束できるか、そして、何に耐える覚悟があるかにかかっているからです。侮辱、投獄、重労働、鞭打ち、罰金、国外追放、そして、場合によっては死にも。

女も男も、聴衆の誰もが手をあげた。

ガンジーは大衆をまとめて新しい道を歩み始めた。彼はこれをサティヤーグラハと呼んだ。「真理の力」あるいは「堅牢《けんろう》さ」を意味し、また「愛の力」とも呼ばれた。暴力の目的は敵を打ち負かし、征服することだが、サティヤーグラハの目的は相手を説得し、考えを改めさせることだ。「忍耐と共感により過ちを捨てさせる」。サティヤーグラハを信じる人は暴力を振るわないが、その代わり、逮捕されるか殴られることを覚悟の上で、心のなかの勇気で抵抗する。

受動的抵抗はこのとき初めて出てきた思想ではない。ガンジーはヘンリー・デイヴィッド・ソローの著作を読んでいたが、その考え方はまさにソローが提唱していたものだった。だが、大衆運動に非暴力主義が取り入れられたのはこれが初めてだった。これは注目すべき転換点となった。ガンジーは血で血を洗う暴力の連鎖から脱したのだ。彼は貧しい労働者たちに向かって、よりよい方法があることを金持ちの支配者層に見せてやろうではないかと呼びかけた。

サティヤーグラハは、法律や銃や偏見によって人間を他人の所有物にできるという考えとは正反対だった。最善を尽くすと誓うことは誰にでもできる。そして、その誓いのためにいかに努力するかによってその人の価値は決まる。人はそれぞれの精神の強さの総和であり、他人の評価の結果ではない。

１９０８年8月16日、ヨハネスブルグ公園のハミダ・モスクに数千のインド人が集まった。デモ参加者は「アジア人登録法」撤回を求めて政府に最終提案を出していた。やがて、誰かが自転車でやってきて報告した。政府は撤回に応じない。アジア人登録法はまだ生きている。

鉄の大釜に火がたかれ、2300人分の登録証が炎の中に投げ込まれた。これが最初のまとまったサティヤーグラハだった。「わたしは所有物ではない」とインド人たちは掲げていた。「わたしはあなたの犠牲にはならない」と彼らは表明していた。「わたしには良心の力がある」と彼らは証明していた。インド人社会の静かなパワーは南アフリカ政府を揺るがした。そして、1914年6月、政府のほうが屈した。アジア人登録法を撤回したのだ。自分たちはただの働き手ではなく、市民であるとインド人は訴え続け、その結果、ついに政府を降参させた。

ガンジーは自分の仕事を終えるとインドに戻った。そして、サティヤーグラハはインドが独立を勝ち取るうえで

世界の多くの土地で、サトウキビはいまや機械で刈り取られるようになり、その長い歴史は霧の中に消えつつある。

最も強力な武器になった。独立運動では、ガンジーはイギリス製品の不買運動という「不服従」戦略をも主導した。ちょうど、イギリスの奴隷廃止論者が奴隷の作った砂糖の不買運動を展開したのと同じように、ガンジーは大衆に宗主国の製品を買わないようにと訴えた。ガンジーの「愛の力」が勝利した。１９４７年、インドはイギリスの植民地のなかで、アメリカ合衆国以来、初めて外国の支配から自由になった。すでに知られていることだが、非暴力主義と受動的抵抗はやがて世界中に広まり、アメリカでの公民権運動に際してマーティン・ルーサー・キング・ジュニアもこれを取り入れた。

近年、最も画期的で強力なこの思想、サティヤーグラハが生まれたのは、ガンジーが虐げられた年季奉公人バラスンダラムに出会ったとき、そして、サトウキビを刈り取るためにはるばる遠方から連れてこられた砂糖労働者が当然の権利を求めて立ち上がったときだった。

砂糖は人間を物に変えたが、反対に、人間を別の人間の所有物として扱うのは間違っていると人々を啓蒙《けいもう》する材料となったのも砂糖だった。砂糖は何百万もの人を殺したが、声なき人々に声を与えた。砂糖は人々を虐げたが、ガンジーが真理の実験を行い、個々人が自由を勝ち取れるように導いたのは、砂糖がきっかけだった。誰もが求める甘味、この砂糖という物質ほど人間を残酷にし、あらゆる残虐行為と闘わせたものはほかにない。砂糖を求めて、わたしたちは祖先の職業によって身分が決まった大昔から、現代――そこはガンジーが示してくれたように、ひとりひとりがかけがえのない人間として認められている――までたどってきた。ドミニカ共和国のように、いまだに砂糖労働者が劣悪な環境に置かれている場所は存在し、「科学時代」において、甘蔗糖は別の甘味料に取って代わられているが、このひとつの物質がわたしたちの歴史に消えることのない跡を刻みつけたのは間違いない。

毎日、わたしたちは砂糖が創造した世界に生きている——そこでは、アフリカ人の子孫がカリブ海やブラジル、アメリカ合衆国、カナダに暮らしている。そこでは、年季奉公のインド人の孫たちがカリブの島々やアメリカの各都市に住んでいる。そこでは、中国や日本、フィリピン、朝鮮半島から来た移民の子供たちがハワイの人口を形成している。そこでは、ハイチ人が建国当初に無視され、その後遺症にいまだに苦しんでいる。そこでは、平等は富豪や農園主や監督のものでもなく、解放された奴隷のものでさえない。平等はわたしたち、ひとりひとりのなかにある。これこそ、多くの苦い悲しみと引き替えに得られた素晴らしい真理だ。

砂糖は世界を変えた。

わたしたちはどのように調べ、書いたか

教師、図書館司書、その他興味のある関係者に宛てた（非常に）長い過程についての短い解説

以下の文章は若い読者を対象にしたものではなく、彼らに問いかけ、導き、補助する立場にある人に向けて書いたものだ。若い読者は聡明で、大きな問題について創造的に考える機会を多く与えるほど、彼らのためになるとわたしたちは確信している。ここでは、わたしたちの調査の過程で現れた非常に大きな歴史的テーマをおおまかに解説している。わたしたちの本は教科書ではない。したがって、物語を中断してまで、それらの問題を詳しく説明したり、議論の機会を設けたりはしていない。その代わり、創造的な教師なら本書の本文や付録の参考資料を起点にして、教室でさらに深く追究してくれると信じている。また、以下では、わたしたちがどのように調べ、どのように執筆したかについても簡単に説明しているので、これも学生の参考になればと願っている。

中等学校《ミドルスクール》や高等学校《ハイスクール》の生徒にはこうした問題は理解できないだろうと考えている大人には、

〈ナショナル・ヒストリー・デー〉作文コンテストに入賞した7年生の作文や、〈コンコード・レビュー〉に掲載されたハイスクールの学生の作文をぜひ読んでもらいたい。若者に知的刺激を与えれば与えるほど、彼らは伸びるのだ。

砂糖について資料を読み始めてすぐに、わたしたちはこのひとつの産物の物語がふたつの歴史上の疑問を示しているのに気づいた。ひとつは、砂糖と奴隷制度は自由を得る闘争においてどのような関係にあるのか？　この問題にはアメリカとフランスとハイチの革命、それらの国々に加えてイギリスでの奴隷制度廃止論者の運動が関わってくる。ふたつめは、砂糖と奴隷制度はイギリス産業革命の誕生にどのように深く関わったか？　原注で触れたが、歴史学者は長年これらの問題を議論してきた。だが、ほぼすべての生徒は、特にハイスクールでは、それぞれ完全に別の単元で教えられている。たとえば、アメリカ合衆国の奴隷制、アメリカ啓蒙思想と独立宣言、フランス革命、イギリス産業革命、奴隷廃止主義と南北戦争――まるでこれらの非常に重要な歴史上のできごとが、分かちがたく絡み合っていないかのように。本書をきっかけに、北米の奴隷制はカリブ諸島とブラジルを中心としたそれよりはるかに大きな仕組みのほんの一部に過ぎないと――奴隷制、アフリカ系アメリカ人の歴史、人種、大きな世界の一部としてのアメリカ合衆国を理解するために――教える教師が出てきてくれれば、わたしたちの仕事は成功したと言える。

砂糖と奴隷制を澄んだ目で見つめた結果、自由、新しい労働、新しい機械の発明についてのわたしたちの考え方がどのように変わったか？　おおざっぱに言えば、学者たちのあいだの議論は次のようになっている。砂糖の物語は不快きわまりなく、残虐だ。その暗い歴史を研究すればするほど、奴隷を所有していた農園主が語る自由の概念をうさんくさく思い、産業革命を科学の発明ではなく、鞭と鎖の産物ととらえる歴史学者もいる。拷問された奴隷や農園主の利益は当時の嘘だと考える歴史学者もいる。奴隷廃止運動そのものを、新興富裕層を「利する」ためと見ている。このほか、砂糖と奴隷制で稼いだ人々でさえ良心の呵責があったと考えたり、産業革命はプランテーションの利益で実現したのではなく、新しい機械が登場したから興ったのだと考えたりする歴史学者もいる。奴隷制について調べるうち、わたしたちは懐疑主義者か、理想主義者か、どちらの目を通して過去を見るか選択を迫られた。これは近現代の誕生をどのようにとらえるか、その核心に迫る興奮する問題であり、これらは聡明な学生に投げかけるのに最適な疑問だと考えている。

生徒のためにこれらの問題をまとめるにはどうしたらいいか、教師は理解しているはずだ。だが、基本的な概略は明白だ。わたしたちがアメリカ合衆国の歴史における奴隷制や平等の概念について議論すると、それはただちに個人の問題になる――奴隷を所有していた建国の父は偽善者か？　だが、砂糖奴隷制の実際の規模と、政治的革命、産業革命の時代の完全な広がりを考えたとき、輝かしい理念と惨い奴隷制との相互関係は違って見えてくる。わたしたちは、個人について述べるのではなく、人間の行動の最も深いところにある、最も基本的な衝動を理解しようと努めている。わたしたちは欲望によって行動するのか？　経済によって？　理念によって？　技術革新によって？　時代精神のような、あいまいで説明しがたい何かによって？　わたしたちは何者だろう？　何がわたしたちをあれほど非人道的にするのだろう？　何がそれらの鎖を破り、普通の人間愛に従わせるのだろう。歴史のどんな問題よりも、生徒教師ともにこれ以上やりがいのあるものはないだろう。

本書の調査と執筆には、わたしたち（そして聖人のような忍耐強さを見せてくれた編集者ヴァージニア・バックレー）が当初考えていたよりも多くの時間がかかってしまった。その過程で、砂糖について書くためには、ふたつの大きなタイプの異なる取り組みが必要だと知った。まず何よりも、かつて経験がないほど大きな網を投げなければならなかった。

本書で取り上げたテーマは何千年にもおよび、この地球上の人が住める土地のほぼ全域で起こったことを含んでいる——では、わたしたちはそれらについてどのように調査したのか？　わたしたちはまず、基礎研究を終えている既刊の書籍から着手した。それらのいわゆる二次資料（砂糖についての書籍。砂糖の歴史の現物記録、つまり〝一次資料〟ではない）を読み、そのあとさらに深く調べる作業に取りかかった。わたしたちはできるだけ砂糖労働者の生き様を描きたいと思い、彼らの声を求めてインタビューの写しや他の記録保管所の資料に当たった。ただし、最初に彼らがより大きな物語のどこに収まるかを理解して、それらの声を探し始めた。生徒は調査の題材を与えられたら、真っ先に検索エンジンに向かうだろう。だが、わたしたちは違う。まず、物語の基本的な感覚が得られるような本を読んだ。インターネットを使うのはそこからさらに深く調べるためだ。それは、インターネットが信用できないからではなく、検索エンジンが手当たり次第に多くのサイトを出してくるからだ。最初から、当惑し、混乱しては意味がない。インターネットはわたしたちの知識や興味によって使いこなすべきひとつの道具であり、選別しなければならない項目の洪水であってはならないと思う。だが、これらの大きな問題を理解するのは、わたしたちが取り組んでいることの半分でしかなかった。

ふたつめの仕事はまとめる作業だった。この壮大な物語を事実の列挙でもなく、長々しい大冊にもならないように記述する方法を見つけるのだ。わたしたちは物語の本質に行き着くまで原稿を何度も書き直し、経済、政治、社会の影響力ばかりでなく、なるべく人間を描いた。

著者がふたりいて、4つの目と4本の手が使えたのがよかった。マークは基本的調査の大半を行い、草稿を書いた。マリナは小説家の目を駆使してその草稿に集中して編集し、それから、インド人と年季奉公制度に関する彼女自身の調査結果や学識を加筆した。そのあと、ふたりの文体を一致させ、統一感のある本に仕上げるためにふたりでさらに手を加えた。

ウェブサイト〈the Becoming Historians〉を開設したレイチェル・マットソン博士とテリー・リュイター博士、ニューヨーク大学教育学部を通した「アメリカを教える」プロジェクトの指導教官の方々には深く感謝している。レイチェルとテリーを通して、わたしたちは2年続けて夏に、執筆中の原稿をニューヨーク市立小学校の教師たちに（最初の夏はK－5の、次の夏には5年生の教師全員に）見てもらった。こうした機会はたいへん貴重なものであり、そのおかげで、わたしたちは物語の核心を見いだし、生徒と彼らを指導する大人の両方の理解を得るにはどうすればいいかを学んだ。

教室にいる生徒には頼もしい共著者もいないし、教室の全員が熱心に耳を傾けてくれるわけでもないだろうが、わたしたちと同じ方法を勧める。広く網を張って、あらゆる手がかりを追い、たくさん集めすぎたと思ったら、読者に最も直接的に伝わる個々の人間、物語、テーマに的を絞ればいい。

わたしたちは最初から、これは言葉と同様に写真が重要な意味を持つ本になるだろうと考えていた。その構想を実現してくれた素晴らしいデザイナー、トリッシュ・パーセル、労を惜しまず作業してくれたレイネ・カフィエロ、そして、どのページも完璧にしたいというわたしたちの情熱を共有してくれたケリー・マーティン、ダニエル・ネイエリ、クリスティン・ケットナーはじめ、ボストンのクラリオン社のチームの皆さんにはいくら感謝しても仕切れない。

謝辞

本書のための下調べの早い段階で、砂糖の歴史について学ぶ者が真っ先に読むべき必読書の著者／研究者に会えたのは非常に幸運だった。シドニー・ミンツ博士は『甘さと権力』（以下、SP。謝辞と原注で触れた書籍の書誌情報は200〜202ページの参考文献に掲載している）を1985年に刊行したが、同書はそれ以来この分野の試金石となっている。ミンツは文化人類学を修めた学者で、砂糖に関する史実だけでなく、砂糖がそれを作る人、売る人、消費する人の人生をどのように変えたかを書いた。

砂糖プランテーションは、古い農耕世界であった封建時代と、賃金と工場労働による産業革命時代の狭間に存在した。社会の変化と経済システムの変化を結びつける歴史学者は皆、そのことを説明しなければならない。ミンツはそれを率先して行い、緻密な調査にもとづく洞察力と説得力のある本を著した。

その同じ最初の旅で、わたしたちはスミソニアン協会のアジア太平洋アメリカン・センター長、フランクリン・オードー博士にも会えた。オードー博士はハワイ史の権威であり、すなわち砂糖の歴史のその部分の大家でもある。博士には最初に助言をいただいたうえ、最後はすべての原稿に目を通して意見をお寄せくださり、たいへんお世話になった。この仕事が終わりに近づいた頃、わたしたちはポール・フリードマン博士の *Out of the East* を読み、これは非常に参考になる、読んで楽しい本だと思った。フリードマン博士とその教え子のイェール大学院生、アダム・フランクリン＝ライアンズ、アゼリーナ・ジャブレ＝ヴェルシェは、当方の質問にていねいにお答えくださり、さらに博士は本書を最初から最後まで読んでその専門的な歴史的見解を寄せてくださった。また、資料を探すのを手伝ってくれた特殊コレクションの図書館司書、ルイジアナ州立大学のクリスティーナ・リケルメと、フロリダ大学のエリック・ケッセに感謝したい。トロントのニュー・カレッジのリック・ハルパーン教授は、ルイジアナと南アフリカの砂糖について教えてくださった。ヌルハン・アタソイ博士とワシントンDCのトルコ文化在外公館には、特にオスマン帝国時代の砂糖細工の絵について調べるのにお世話になった。ダグラス・ハーマン博士にはデイヴィッド・バーニー教授をご紹介いただき、教授はカウアイ島の9カ所で見つかった炭をもとに、ハワイ諸島に人類が到達した年代を特定する共著論文を送ってくださった。ベン・ラピダス教授は、砂糖奴隷から生まれた音楽についてたいへん頼りになる情報源だった。

以上、学者、研究者の方々からの貴重な助言にはたいへん感謝しているが、言うまでもなく、これはわたしたちの著作であり、記載したすべては――記載しなかったすべても――わたしたちの判断でそうした。拙著と同じく、世界史を砂糖というひとつの道筋から読み解いた一般向けの書籍が2冊ある。ピーター・マシニス著 *Bittersweet* とエリザベス・アボット著『砂糖の歴史』だ。

マシニスの著書は時期や話の内容を知るうえでは有効だが、まとまりがなく読みづらい印象を受けた。アボットの研究成果については、ハルパーン博士から聞いて知ってはいたが、自分たちの本を書き上げるまで彼女の本を読んだことはなかった。教師や親、そしてこの本のテーマについてもっと知りたいと思った熱心な生徒はアボットの本でさらに深く考える機会を与えられるだろう。

マリナは年季奉公制度の歴史を調べる際、まずこの分野で最初の本格的な研究書、ヒュー・ティンカー著 *A New System of Slavery: the Export of Indian Labor Overseas 1830-1920* を読んだ。この本の刊行以降、多くの学者がさらに詳しく論じ、なかには年季奉公制度がかたちを変えた奴隷制度に過ぎないという見解を論ずる人もいた。この比較的新しい見解の著書を出した研究者は以下の通り――*Indentured Labor, Caribbean Sugar:Chinese and Indian Migrants to the West Indies, 1813-1918* (Baltimore:Johns Hopkins University Press, 1995) を著したウォルトン・ルック・ライ、*A History of East Indian Resistance on the Guyana Sugar Estates, 1869-1948* (Lewiston, N.Y.: Edwin Mellen Press, 1996) の著者、バスデオ・マングル、そして、*Voices from Indenture: Experiences of Indian Migrants in the British Empire* (Leicester University Press, 1996) の著者で、モーリシャスのインド人年季奉公労働者について研究しているマリナ・カーター。

作家としてマリナは、年季奉公制度の失われた「声」を発掘した研究者の功績に特に興味を持った。それらの書籍は、学ぶ意欲のある生徒や教師にとって、一次資料に接し、年季奉公制度に関わったあらゆる人々の声を聞くのに理想的だ。以下にタイトルを示す――ヴィリーン・A・シェパード著*Maharani's Misery:Narrative of a Passage from India to the Caribbean*(Kingston, Jamaica:University of the West Indies Press, 2002)、クレム・シーチャラン著*Bechu:Bound Coolie Radical in British Guiana, 1894-1901*（Kingston, Jamaica:University of the West Indies Press, 1999)、ノア・クマール・マハビル著*The Still Cry*。モハンダス・K・ガンジーの『ガンジー自叙伝――真理の実験』も、南アフリカのインド人社会での彼の活動がわかる資料だ。

ミンツ、マシニス、そして様々なインターネットのサイトを参考に、わたしたちは作業を開始した。そこを起点にして伝えるべき物語の基本的な道筋が見えてきた。だが、そこはまだほんの浅瀬だった。砂糖について深く理解するため、砂糖労働者の声を聞くために、わたしたちは深いところへ泳いでいかなければならなかった。砂糖と奴隷制度と年季奉公制度に関する学術研究書という深い海だ。それらを調べたから言えることだが、本書で取り上げた題材に興味を持ったら、さらに深く学べる参考図書がいくらでもある。本書があなたに知的好奇心を刺激する基礎になってくれればと願っている。ミンツがわたしたちにそうしてくれたように。

年表

世界史における砂糖

紀元前

8000～7000年頃　ニューギニア島で野生のサトウキビの栽培が始まる。

6000年頃

1500～900年頃　サトウキビ、フィリピンに伝わる。
この時代の言い伝えに、サトウキビをヒンドゥー教の儀式に使用したことが登場する。

515年　ギリシアの著述家ヘロドトスによると、現在のインド・パキスタンに該当する地域でペルシア人がサトウキビらしき植物を見つける。

325年　アレクサンドロス大王の友人、ネアルコスがインドでミツバチもいないのにハチミツが採れる葦について再び言及。

２８６年　中国で初めてサトウキビへの言及。

紀元後

１００年　インドの文書に砂糖作り工房が登場する。

５００年代　ジュンディ・シャープールの学院に各地から学者や医者が集まる。サトウキビを栽培し、製糖し、医薬として使う方法が共有される。

６００年代　イスラム教徒がジュンディ・シャープールを支配し、イスラム世界が急拡大するにつれ、砂糖の知識も広まる。

６００～１１００年頃　ポリネシア人が太平洋の島々にサトウキビを伝える。サトウキビは１１００年までにハワイに伝わる。

９００年代以降　イスラム圏の地中海周辺とスペインに砂糖プランテーションが作られる。

１０９５年以降　十字軍遠征。ヨーロッパ人が聖地でサトウキビを目にする。

１１５０～１３００年頃　シャンパーニュの大市。ヨーロッパ人がイスラム教徒と砂糖の取引をする。

１２００年以降　エジプト人が純白の砂糖を精製する達人として知られる。
１２２６年　イングランド王、ヘンリー３世は１・３キロの砂糖に、現在の価値で４５０ドルに相当する代金を払う。
１４０２年　スペイン、カナリア諸島を征服。
１４２０年代　ポルトガル、マデイラ諸島を征服。
１４３９年　ヨーロッパ人が無人島だったアゾレス諸島に到達。
１４５０年　マデイラ島がヨーロッパ向け砂糖の主な生産地となる。
１４９３年　コロンブスがイスパニョーラ島にサトウキビをもたらす。

イギリスと砂糖

１６２５年　イギリス、バルバドス島を占領。
１６６５年　イギリス、ジャマイカを征服。
１７６０年　ジャマイカで「タッキーの反乱」。
１７７２年　サマセット事件。イギリス人判事の判決は、イギリスに足を踏み入れた奴隷は自由になる（フランスの１６９１年参照）と解釈された。しかし、実際の文言は非常に限定的で、以後の基準とはならなかった。

１７８６年　賞を獲得したトーマス・クラークソンの奴隷廃止論文が出版される。

１７８９年　オラウダ・イクイアーノの自伝、刊行。

１７９０年代　フランスでの流血の事態に影響され、イギリスの奴隷廃止運動が低迷。

１８０７年　イギリス、奴隷貿易を違法とする。

１８３３年　イギリス、奴隷制度廃止。

１８４０年～１９１７年　年季奉公制度

フランス、砂糖、奴隷制

１６８５年　黒人法により、フランス植民地での奴隷制を合法化。

１６９１年　フランス本土に足を踏み入れた奴隷は解放されると決まる。

１６９７年　フランスとスペインがイスパニョーラ島を分割統治。

１７００年代　サン＝ドマング（イスパニョーラ島のフランス領）が世界で最も豊かな砂糖植民地となる。

1716年　ポーリーン事件が法廷で争われる。
1789年　人権と市民の権利の宣言とともにフランス革命勃発。
1791年　フランスの砂糖植民地で自由人の親から生まれた子供は、肌の色や出自にかかわらず、フランスの市民権を与えられることになる。フランス本土内での奴隷制度廃止。
1792年　フランスの指導部が政敵を処刑するのにギロチンを導入。
1793年　ルイ16世、マリー・アントワネット、処刑。
1794年　フランスのすべての砂糖植民地で奴隷制度廃止。
1799年　ナポレオンがフランスで権力を握る。
1800年　ナポレオンはスペインから北米大陸の中央部――ルイジアナ領――を奪い、ここをフランス砂糖植民地の食料物資供給源にすることを構想する。
1802年　ナポレオン、奴隷制度を再合法化。
1803年　サン＝ドマングを失うと見越したナポレオンはジェファーソンにルイジアナを売却。
1800年代初頭　ナポレオンはフランスで甜菜糖を生産するために甜菜栽培と製糖工場建設を奨励。

1814年　フランスの甜菜糖工場の数が334に達する。

ハイチ

1493年　コロンブスがイスパニョーラ島にサトウキビを持ちこむ。
1779年　アメリカ独立戦争中、ジョージア植民地のサバンナ包囲戦でサン＝ドマングの「有色人種」兵士がアメリカ軍に加勢。
1791年　「ワニの森」の誓い。
1793年　サン＝ドマングで奴隷制度廃止。イギリス、当地へ派兵。
1798年　イギリス、トゥーサンに敗北。
1801年　トゥーサン、サン＝ドマングのすべての奴隷を解放。
1802年　ナポレオンの義弟が率いるフランス軍がサン＝ドマングに上陸。トゥーサン、フランス軍の捕虜となる。
1803年　トゥーサン、フランスで獄死。サン＝ドマングのフランス軍降伏。
1804年　ハイチ、独立を宣言。

イギリス領北アメリカ〜アメリカ合衆国

1733年 糖蜜法成立により、イギリス領以外の砂糖副産物に課税。植民地人は全面的に同法を無視。

1764年 砂糖法により、砂糖諸島との貿易の規制が強化される。植民地人は「代表なき課税」に反発。

1765年 砂糖法に抗議するため、ロードアイランドの男たちが先住民に変装し、糖蜜の樽をポーリー号から運び出す。

1773年 ボストン茶会事件。

1798年 ジョン・アダムズ大統領、トゥーサンの盟友、ジョセフ・ブネルと会う。アメリカ合衆国大統領がアフリカ系の人と公に食事をするのはこれが最初。

1804年 トーマス・ジェファーソン大統領、ハイチ承認を拒否。

1800年代 ハイチの砂糖農園主がルイジアナへ移り住み、ルイジアナが砂糖生産地となる。

1808年 アメリカ合衆国はイギリスに次いで、奴隷の移入を禁止。

1835年 ハワイで砂糖プランテーション始まる。

１８５２年　中国人労働者が初めてハワイに渡る。
１８６２年　エイブラハム・リンカーンがハイチを承認。
１８６３年　奴隷解放宣言。
１８６８年　日本人労働者がハワイに渡る。
１８７５年　ハワイ産の砂糖、免税でアメリカ合衆国へ輸出。

科学の時代

１７４７年　アンドレアス・マルクグラーフ、甜菜糖が甘蔗糖と変わらないことを発見する。
１８４０年代　甜菜がウクライナの主要農産物となる。
１８５２年　インド人がナタールの砂糖農園で働くために渡航し始める。
１８６１年　ロシア皇帝アレクサンドル２世、農奴を解放。
１８７９年　人工甘味料、サッカリン開発。
１９０６年　ガンジーが砂糖労働者を中心にインド人を率いて、ヨハネスブルグでの人種差別的な法律に非暴力で抵抗していくことを誓い合う。

１９６５年　人工甘味料、アスパルテーム開発。
１９６７年　高果糖コーンシロップ開発。
１９７６年　スクラロース（商標スプレンダ）開発。
21世紀　ブラジルは収穫したサトウキビの多くをバイオエタノールの製造にまわしている。

原注

原注で使用した略号

ＡＣＡＳ＝Sheridan, "Africa and the Caribbean in the Atlantic Slave Trade"

Ｂ＝Macinnis, *Bittersweet*

ＢＴＣ＝Hochschild, *Bury the Chains*

Ｄ＝Harms, *The Diligent*

ＥＩＣ＝Wild, *The East India Company*

ＦＣＣ＝Williams, *From Columbus to Castro*（ウィリアムズ『コロンブスからカストロまで——カリブ海域史１４９２－１９６９』）

ＩＮ＝Equiano, *The Interesting Narrative*, in Barksdale and Kinnamon, *Black Writers of America*（イクイアーノ『アフリカ人、イクイアーノの生涯の興味深い物語』）

ＭＴＤ＝Burnard, *Mastery, Tyranny, and Desire*

ＯＥ＝Freedman, *Out of the East*

ＲＦＰ＝Curtin, *The Rise and Fall of the Plantation Complex*

ROM＝Banfield, *The Rights of Man, The Reign of Terror*
SAC＝Morgan and Morgan, *The Stamp Act Crisis*
SBH＝Abbott, *Sugar: A Bittersweet History*（アボット『砂糖の歴史』）
SM＝Follett, *The Sugar Masters*
SP＝Mintz, *Sweetness and Power*（ミンツ『甘さと権力――砂糖が語る近代史』）
SS＝Sheridan, *Sugar and Slavery*
TB＝Schwarts, *Tropical Babylons*
VS＝Eltis, "The Volume and Structure of the Transatlantic Slave Trade"

本書で使用した地図は、複数の資料――Peter Macinnis, *Bittersweet*（Crows Nest, Australia:Allen & Unwin, 2002, page.3,17,26）、Peter Ashdown, *Caribbean History in Maps*（Longman,Caribbean:Trinidad,1979, page.17,18,31）など――から転載した。

はじめに

（1）ウェルギリウス『農耕詩』第4歌より。この短い引用はミツバチとハチミツに関するウェブサイトに載っている。この詩の全文を含め、ローマ時代の詩はウェブサイト　Piney.com にある。
（2）ショショーニ族酋長の言葉――Stephen Amborse, *Undaunted Courage*, page.281。

第1章

（1）アレクサンドロス大王、インド、ネアルコスの物語は砂糖の歴史に必ずと言っていいほど登場する。SP, page.20参照。著者はこの葦が本当にサトウキビだったのか疑問視している。この概略から一歩進むため、わたしたちはウェブサイト Nearchus Discovers a Sea Route from India to the Arabian Peninsula を閲覧した。このサイトは読みやすく、簡潔で役に立った。紀元1世紀前後（ネアルコスの死の300年後）に実在したローマの地理学者ストラボンの著作にも、ネアルコスの言葉の引用があるのを知った。ストラボン（77年に完成した大プリニウスの『博物誌』にも登場する）については、John W.Humphrey, *Greek and Roman Technology*, page.165を参照。あるいは、Ancient History Sourcebookや、Strabo, Book XV, On India.20が役に立った。広く引用されている短い文言は、実際は長文の一部であり、重層的な背景がうかがえる。

（2）ハワイ諸島に最初に人が到達した時期については、学者のあいだでもはっきりせず、インターネットをざっと調べただけでも３００年から１１００年まで諸説あるのがわかったが、しだいに見解の一致が形成されつつある。デイヴィッド・バーニー教授が送ってくれた共同論文『カウアイ島の炭の層序と人の到来時期』では、物理的証拠から１１００年頃と推定している。

（3）アタルヴァ・ヴェーダ――これもまた、砂糖の歴史にはたいてい登場する話だが、わたしたちはさらに知りたいと思った。調査を続けるうち、専門誌*American Journal of Philology*に掲載されたH.W.Magoun“The Asuri-Kalpa: A Witchcraft Practice of the Atharva-veda”を見つけた。非常に内容の濃い、専門的な記事で、儀式に砂糖がどのように使われたかについて細かく理解するのに役立った。タフツ大学の学部長で多様なインドの言語学者、ブライアン・ハッチャー教授には、砂糖のふたつのサンスクリット語の翻訳を確認していただいた。

（4）ジュンディ・シャープールは標準的な概史に登場する学院であり、わたしたちはさらに知りたいと思ったが、調査はあまり進まなかった。iranian.comなど、ペルシア史を詳しく取り上げたサイトには、「マヌーチェフル・サアーダト・ヌリー著、イラン初の学院、ジュンディ・シャープール」などの参考になる記事があった。ジュンディ・シャープールはイスラム医学に関する多くの記事、ウェブサイト、書籍で言及されている。Muslimheritage.comもそのひとつ。また、everyculture.comのキリスト教ネストリウス派の歴史にも登場する。あるウェブサイトにはアメリカとイランの考古学者が共同で現場を調査中とあったが、日付が２００５年で、以後そのプロジェクトがどうなったかは不明。両国の関係悪化で研究が中断しているのかもしれない。

1500年前に世界の文化が集結した場所に関心のある読者は、ジュンディ・シャープールに多くの題材を見つけるだろう。この話にはひとつ奇妙な結末がある。教育者で神秘思想家でもあり、評価が割れるルドルフ・シュタイナーは、ジュンディ・シャープールはそこに関わった人々の後世の化身を通して人類に悪影響を与えたと断じていた。シュタイナーのために言い添えると、学院は学者同士が出会える重要な場所であったと、彼は理解していただろうが、1920年代を経験し、第1次世界大戦で多くの死者を出した抽象的で冷徹な合理性を暗黒の力ととらえ、ジュンディ・シャープールこそ、その思想を生んだ場所だと思い込んだのではないだろうか。これも砂糖の糸をたどっているうちに見つけた予想外の話題だ。

（5）「シャルカラ」は、B, page.5-7を参照。

（6）「塩味の……」は、OE, page.12-28を参照。

（7）数字の歴史について興味があるなら、Karl Menninger.*Number Words and Number Symbols*（カール・メニンガー『図説数の文化史　世界の数字と計算法』）をお勧めする。一般向け図書だが、絵や写真が多く、眺めるだけでも楽しい。インド＝アラビア数字、そのヨーロッパへの伝播についても同書で取り上げられている。

（8）「最も白く、最も純粋な……」と、エジプトの砂糖全般についてはL.A.G.Strong, *The Story of Sugar*, page.59。一般向け歴史書で、予備知識を得るのに役立つ。

（9）マルコ・ポーロについては『東方見聞録』を参照。

（10）このページはOEを大いに参考にさせていただいた。著者は、3ページで香辛料と傷んだ肉の通説を取り上げている。

（11）シャンパーニュの大市については、Jean Favier,*Gold and Spices*,pages.26-27（ジャン・ファヴィエ『金と香辛料』）、P.Boissonnade, *Life and Work in Medieval Europe*, page.26-27を参照。生地のイスラム圏での名称、および中世ヨーロッパの香辛料取引については、Henri Pirenne.*Economic and Social History of Medieval Europe*, page143, pages.171-72（アンリ・ピレンヌ『中世ヨーロッパ社会経済史』）を参照。こ

の3冊はどれも購読式のオンライン・ライブラリーQuestiaで知った。一般向けの図書はほかにもあるが、内容は似たり寄ったりだった。ジュンディ・シャープールに次いで、シャンパーニュの大市は本書の調査で出会った好奇心をそそる予想外の収穫——いつかたどってみたい道——だった。

（12）ＯＥは、フランス王ルイ9世の14世紀の伝記作家、ジャン・ド・ジョアンヴィルを引用している。16世紀の医者、タベルナエモンタヌスの「素晴らしい白い砂糖……」については、Richard Feltoe, *Redpath:The History of a Sugar House* を参照。82ページには、ヘンリー3世が数キロの砂糖を求める話が載っている。

（13）この十字軍と砂糖の箇所は、Stuart Schwartz（スチュアート・シュワルツ）,ed., *Tropical Babylons*（以下、ＴＢ）に収載された、William D.Phillips Jr., “Sugar in Iberia”, page.31-32 参照。同書は各章をそれぞれ別の学者が執筆した学術専門書だ。引用を探したり、一般書にたびたび見られる時代後れの見解や誤記を見つけたりするのに役に立った。アドバンスト・プレイスメント（ＡＰ）〔大学進学準備プログラム〕や国際バカロレア（ＩＢ）〔国際的に通用する大学入学資格〕の課程の教師にとっては、ＳＰ同様、参考書としても、役立つ内容を探すのにも使える。

（14）刈り取ったらすぐに処理しなければならないというこのサトウキビの性質については、あらゆる文献で議論されている。完全に植物の問題として迅速に圧搾する必要があると主張する本もあれば、絶対にそうしなければならない理由を疑問視する意見もある。収穫から圧搾、煮沸までを迅速に行う経済的理由については、Phillip Curtin（フィリップ・カーティン）, *The Rise and Fall of the Plantation Complex*, page.4-5（以下、RFP）を参照。同書は、SP同様、砂糖と奴隷制をテーマに独自の調査をするＡＰ／ＩＢ課程の教師、高校生にとって、知りたいことがわかる必読書だ。大学生レベルの読者向けだが、上手くまとまっているので、意欲ある高校生なら難なく理解できるだろう。

（15）カーティンのRFPは、砂糖プランテーションが新しい農業形態となった経緯を解説している。

（16）砂糖はよく「白い金」と呼ばれた。TB、およびAlberto Vieira, “Sugar Islands”, page.65 参照。

第2章

（1）新世界で土地から土地へとサトウキビ栽培が広がっていった概略は、SP, pages.32-39;RFP, pages.83-85 参照。奴隷制にまつわる数字を学者らしく正確に細心の注意を払って算出しているうえ、この分野はＡＰ課程の教師が生徒とともに検証するのに最適だ。ブラジルに連れてこられたアフリカ人の数は、ユネスコのウェブサイト Slave Trade Archives 参照。ブラジルの数は偏っているが、それはイギリスとアメリカで奴隷貿易が廃止されたあとも、19世紀まで奴隷貿易が継続したからだ。その点を踏まえても、ブラジルには最も多くのアフリカ人が連れてこられたのは間違いない。

（2）ＳＰは、人間が一般に甘味を好むのかどうかを論じている。

（3）*The Interesting Narrative of the Life of Olaudah Equiano, or Gustavus Vassa, the African*（『アフリカ人、オラウダ・イクイアーノの生涯の奇妙な物語』）（以下、ＩＮ）については、マリナが学生時代から持っていた参考書、Richard Barksdale および Keneth Kinnamon 編、Black Writers of America に収められていたものを利用した。学者のあいだでは、イクイアーノは自称通りに本当にアフリカ生まれなのか、じつはサウスカロライナ生まれなのではないか、という議論がある。まだ結論の出ていないその問題は、Adam Hochschild, *Bury the Chains*（以下、ＢＴＣ）で取り上げられている。非常に読み応えがあり、ていねいに調査された同書は、わたしたちもひんぱんに利用し、参考にした。付録の３９６－７２参照。イクイアーノの出生地はいまだ謎だが、カリブの奴隷の暮らしの描写は信憑性がある。

（4）IN, page.21 参照。

（5）ビークマンと植民地時代のニューヨークの砂糖については、Edwin Burrows and Mike Wallace, *Gotham*, pages.118-37。

マークは本書のための調査をしているときに、いわゆる三角貿易のインドの布地の話に行き着いた。Robert Harms, *The Diligent*（以下、Ｄ）は、奴隷貿易について説明するために、フランス人将校が書いた１７３１年の奴隷船の航海日誌を用いている。マークは場面の描写や逸話を探して同書を読んでいるとき、奴隷を買うためにフランスからアフリカに向かうその船の積荷の40パーセントがインド製の布地か、モルディヴ諸島のタカラガイだったと知った。17世紀、18世紀のインド製布地の交易史についてさらに調べると、ヨーロッパの他の国々からこの航路を行く船ではこの割合は同じであり、インド人が代金を銀で受け取るのを好むことがわかった。同様に、奴隷貿易の著名な研究者、Herbert Klien は TB,page.222 で、よく言われている三角貿易のアメリカからヨーロッパに戻る部分は標準的ではなく例外だったと指摘している。ヨーロッパの船は砂糖諸島から直接母港に戻り、その他の船は北米で航海を終え、ほとんどの船員はそこに留まり、船長と数名の乗組員だけが大西洋を渡る別の船に乗り換えて帰った。

（6）砂糖農園での一連の作業は、新大陸のどの土地でも似通っていたため、わたしたちは様々な資料から特に鮮明な描写や引用を選んだ。Richard Sheridan（リチャード・シェリダン）の記事 "Africa and the Caribbean in the Atlantic Slave Trade"（以下、ACAS）やSBHも、わたしたちが本書に掲載したのと同じ、アンティグアの砂糖農園の絵を採用している。1日に掘る穴については、SBH 参照。「彼らがわずかな休息を……」については、OE 参照。砂糖労働について、ていねいに調査された記述、ジャマイカのネズミの話、「飼育豚隊／ホグミート・ギャング」の話もSBH に載っている。

（7）工場の祈禱、1689年の報告、さらに一般的なブラジルでの砂糖作りの説明については、TB, pages.176-80 参照。イギリス領の砂糖諸島での同様の説明は、リチャード・シェリダン Sugar and Slavery（以下、SS）pages.112-18 参照。よく似たタイトルがついているが、それはシュワルツが有名な先行作品に共感して意図的にそうしたからであり、新世界の砂糖プランテーションに共通する事柄について、わたしたちの見解の裏付けともなっている。記事ACASは、この *Sugar and Slavery* と同じ内容で、歴史学者の雑誌に著者が要約して寄稿したものだ。シェリダンは砂糖と奴隷制に関する学問分野の前世代の長老のひとりで、彼の著作は知識を広めるのに役立つだけでなく、たいへんわかりやすい。教師やAP 課程の生徒は、まずシェリダンの著作を読み、そのあと彼の著書への反論や更新を載せた専門書にあたることをお勧めする。

(8)「地獄の有様……」、TB, page.3。
(9)「大きな開いた口」、同書、page.179。
(10)「煮沸係」、SS, page.115。
(11)「作業台の母」、TB, page.179。
(12)ボンバに関する情報については、踊り手やドラマーへの調査、聞き取りにもとづくレイチェル・マットソン博士の研究を参考にさせていただいた。ボンバとマクレレはＹｏｕＴｕｂｅでいろいろ見られる。ボンバの項では、ナショナル・ジオグラフィック・ワールド・ミュージックのサイトも参考にした。
(13)ルンバと奴隷の関係や引用した歌詞については、Ben Lapidus（ベン・ラピダス）教授からうかがった。
(14)パルマレスについては、www.brazil-brasil.com/cvroct95.htm 参照。これはブラジルに関する雑誌に載った、読みやすくて役に立つ記事だ。また、Pedro Paulo Funari et at.,*Historical Archaeology*, pages.308-49も参考にした。口伝と文書記録から形成されたパルマレスのイメージが、考古学によってどのように色づけされたかがわかる。逃亡奴隷（マルーン）については、スミソニアン協会が立ち上げた情報豊かなウェブサイト、Creativity and Resistanceを教師にも生徒にもお勧めする。砂糖と奴隷制の優れた研究者、リチャード・プライスは、同サイトの教師向けのガイドの欄に特別に有益な記事を載せている。プライスは、逃亡奴隷が隠れ住んだ「コックピット・カントリー」や他の僻地についても言及している。
(15)シスルウッドについては、奴隷制の研究者、Ira Berlin（アイラ・バーリン）が、ある論考（"Masters of Their Universe" in The Nation, November 2004）で、シスルウッドと、彼同様日誌をつけていたヴァージニアの裕福な農園主ランドン・カーターを比較している。この論考はシスルウッドについて知るのに、またさらに広く、砂糖諸島の奴隷監督の地位について知るのに最適だ。バーリンは、シスルウッドの日記をていねいに検証したTrevor Burnard, Mastery, *Tyranny, and Desire*（以下、ＭＴＤ）についても論評している。砂糖諸島の悲惨きわまりない生活について余さず知りたいと思う教師やＡＰ／ＩＢ課程の生徒は、この本を知っておくべきだ。Douglas Hall, *In Miserable Slavery* も、シスルウッドの日記をもとにして書かれ、役立つ本だった。ジャマイカの人口の内訳については、同書ｘｘｉ参照。「こうした監督のほとんどは……」についてはIN, page26。

(16) １９９４年の映画『マンスフィールド・パーク』は砂糖と奴隷制の関係をあえて可視化し、物語の中心に据えている――原作小説では背景に置かれていた。この映画は教材としてすばらしいだろうが、いくつか性的なシーンもあり、教室で見せるのが適切かどうか、教師は前もって自分で見て判断するといい。

(17) シスルウッドの到着直後の経験については、MTD, page.3、「猿ぐつわをはめ……」、同書 page.104。

(18)「そこへ白人がやってきて……」、IN, page.27。

(19) 引用したアクトンの言葉は、これをコピーして検索エンジンに入れると見つかる。あらゆる本に出てくる非常に有名な格言だ。

(20)「死んだ奴隷の穴埋めをするのに……」、IN, page.27。奴隷制をアメリカ合衆国の歴史の枠内でとらえていた読者は、大西洋奴隷貿易の内訳に驚くだろうが、カリブ海とブラジルについて学び始めたばかりの人でさえ、これはわかりきったことだ。１５１９年から１８６７年にかけての大西洋奴隷貿易の綿密かつ最新の内訳は、David Eltis（デイヴィッド・エルティス）の記事“The Volume and Structure of the Transatlantic Slave Trade”（以下、ＶＳ）の図版III。生徒に、アメリカ合衆国だけでなくもっと広い視野で奴隷制について教える必要があると思う教師は、エルティスによる大冊の研究書、*The Rise of African Slavery in the Americas*、および、John Thornton, *Africa and Africans in the Making of the Atlantic World, 1400-1800* をお勧めする。後者は、無防備なアフリカ人が白人の襲撃者によって誘拐されたという従来の見解に反論し、アフリカ人が大西洋の両側で奴隷制のあらゆる面に関わったという不穏な新解釈を提示している。

（21）１５６５年の結婚披露宴については、TB, page.237-38、より一般的な情報は、Eddy Stols,“The Expansion of the Sugar Market in Western Europe”を参考にした。

（22）ウィッカムの手紙は、Antony Wild, *The East India Company*（以下、ＥＴＣ）page.31を参照。挿絵をふんだんに載せた同書は、８年生以上の読者が茶葉、および世界史における茶の位置づけについて学ぶのに最適だ。イギリスでのお茶の習慣の普及については、page.40、アメリカでのお茶の習慣はpage.144。

（23）３種類の新しい温かい飲み物と砂糖との関係は、SP, pages.108-9。

（24）１７００年から１８０９年のあいだのイギリスにおける砂糖消費量の増加を示す図は、SP, page.67。

（25）「社会の中・下層民にとって……」、SP, page.114。イギリスと砂糖、奴隷制、産業革命について触れたこの数段落は、研究者のあいだで長年激しい議論となった内容を要約したものだ。ＡＰ／ＩＢ課程の教師なら、カリブ海域史の著名な研究者、Eric Williams（エリック・ウィリアムズ）が火をつけたこの史観的議論を大いに活用できるだろう。ウィリアムズは*Capitalism and Slavery*において、産業革命とは事実上、形を変えた窃盗行為だったと主張している――アフリカ人を奴隷にすることでイギリスは豊かになり、それにより経済的発展の次の段階へ先頭を切って飛躍できたというのだ。わたしたちは彼の別の著書、*From Columbus to Castro*（以下、ＦＣＣ）も読んでみた。この地域全体を視野に入れた、読み応えのある有益な本だったが、少し時代後れになっている。以降、数世代の研究者がウィリアムズの主張に反論している。最近では、Joseph Inikori（ジョゼフ・イニコリ）が、ウィリアムズ説をめぐる、全範囲の議論を完璧に緻密に検証し、砂糖と奴隷制と産業革命の関連について彼独自の改訂版を出した。イニコリ博士は、新世界でのアフリカ人の奴隷労働の産物を含め、大西洋を越える世界貿易がどのように新たな市場、新たな貿易関係、新たな収入を生み出したかを示し、それにより、イギリスの特定の地域が布地の工場生産に集中できたことを示した。博士は、*American Economic Review*に載った“Slavery and Atlantic Commerce, 1650-1800”を送ってくれた。さらに分厚い研究報告*African and Industrial Revolution in England*について情報を与えてくれた。わたしたちがここで触れた議論は、彼の研究からわたしたちが学んだことの非常におおまかな要約だ。

教師や大学進学を目指している生徒は、学者や研究者の見解には非常に関心があるだろうが、砂糖と奴隷制の話と、工場と産業の話を関連づけて考えるのは、ハイスクールのどの教室にとっても意味あることだと思う。

（26）紅茶と砂糖を産業革命と結びつけるのは、SP の主要なテーマだ。概略は、pages.130-31 にまとめられている。

（27）１８００年と１９００年の世界の砂糖生産量については SP, page.73。イギリスにおける平均的消費量については、ガーディアン紙に掲載された Felicity Lawrence（フェリシティ・ローレンス）"Sugar Rush" 参照。アメリカ合衆国の、甘味料の種類ごとの消費量は、農務省のウェブサイト Stephen Haley et al.,Sweetener Consumption in the United States で見られる。

第3章

（１）ポーリーヌは、彼女の女主人の姓で呼ばれていたが、ここでは混乱を避けるために姓を省いた。彼女の話は、D,pages.6-28。ピエール・ルメール（子）の話は page.27 に出てくる。この時代の奴隷と自由の複雑に絡み合った話に関する偉大な学術研究が David Brion Davis（デイヴィッド・ブリオン・デイヴィス）, *The Problem of Slavery in the Age of Revolution, 1770-1823* だ。これは大学生がいつか知るべき重要な本で、AP／IB 課程の教師は、基本的な問題、物語、見解を探し出すのに利用できる。デイヴィス博士は、奴隷廃止論者の動機について、Thomas Haskell（トーマス・ハスケル）教授から反論されている。この歴史的解釈をめぐる素晴らしい論争は"Thomas Bender, ed., *Antislavery Debate* に掲載されている。同書の題材は AP／IB の教室で議論するのに最適だ。

（２）アメリカ独立戦争の前段階としての砂糖法の位置づけは、Edmud Morgan（エドモンド・モーガン）と Helen Morgan（ヘレン・モーガン）, *The Stamp Act Crisis*（以下、SAC）, pages.21-53。ポーリー号の話は、pages.41-53。一般的な教科書にある概略より詳しく知りたい人には同書をお勧めする。

（３）ベックフォード、彼の富、あだ名、影響力については、BTC, page.139、および FCC, pages.132,135,

223。

（4）「課税される側の……」は、SAC, page.35。

（5）イギリスでの奴隷貿易廃止から奴隷制度廃止までの奮闘を追った息を呑むような物語は、ＢＴＣに見事に描かれている。同書はハイスクールの教師なら誰でも使えるし、使うべきだ。M.T.Anderson のすばらしい小説、Octavian Nothing シリーズとともに読むのもいい。

（6）「あるとき、ふと……」は、BTC, page.89。「日中、わたしは……」は、BTC, page.88。２００７年はイギリスが奴隷貿易を禁止してから２００年にあたり、多くの博物館で奴隷制、砂糖、奴隷廃止運動に関する特別展が開催された。多くのウェブサイトで教師、生徒ともに参考になる情報が特集された。ＡＰ／ＩＢ課程の教師には、Seymour Drescher, *The Mighty Experiment* もお勧めする。賞を受賞した学術研究書だが、学者間の論争を分析し、イギリスの奴隷廃止運動について明快で詳細なイメージを抱かせてくれる本だ。

（7）「血で甘味を加えた……」は、BTC, page.194。不買運動についてはBTC, pages.192-95。「自由人の……」は、BTC, page.194。

（8）１９８０年代後半、マークは Susan Banfild（スーザン・バンフィールド）のヤングアダルト向け図書 *The Rights of Man, the Reign of Terror*（以下、ROM）に協力する機会に恵まれた。スーザンはフランス革命について語るために、フランスの様々な政権が奴隷の問題に対して、それぞれどのように対処したか、徹底的に調べた。あの本の多くの年表が、今回この問題をまとめるのに役立った。同書はかなり前から絶版になっているが、ミドルかハイスクールの図書館には収蔵すべき優れた資料だ。「人は生まれながらにして」は、同書 page.52。

（9）若い読者向けのハイチの歴史について学べる本はあまり多くない。マークが子供の頃は、トゥーサンやアンリ・クリストフの武勇伝――あるいは、多少血生臭く、胸躍る物語――については、リチャード・ハリバートンの冒険小説などを読んだものだ。だが、学者の本はハイチにまつわる多くの神話をそぎ落としたため、証拠と解釈ばかりの読解が困難なものになった。最終的に、アフリカ人奴隷は自由のために闘ったが、このことは、あらゆる点で、はっきり白黒つけられるものではなかった。双方に、奴隷を所有していたこともある黒人もいれば、地元の白人でフランスからさらなる自由を望む者、望まない者、スペイン人、フランス人の王党派、フランス人の革命派などが入り交じっていた。作家Madison Smartt Bell（マディソン・スマート・ベル）の、一般向けの伝記 *Toussaint Louverture* は、関わった人物全員をできるだけ率直に描こうとしているため、かえってその点が難解だ。わたしたちの目的に合ったものとして、ここでもまたＢＴＣに勝る資料はない。同書の反乱の描写は読書を引き込む力がある。「われわれ全員の心の中に……」、および「サトウキビの茎の火の粉が……」はBTC, page.257。

（10）歌詞は、Jeannette Marks, *The Family of the Barrett*, page.268。SBH, page.84 でも別の文脈で引用されている。

（11）（召使いが背後に控えている）食事の席で……」は、Dubois and Scott, *Origins of the Black Atlantic*, page.36 に収載された Richard Sheridan, “The Jamaican Slave Insurrection Scare of 1776 and the American Revolution” 参照。黒人船乗りの役割については、同書の Julius Scott, “Negroes in Foreign Bottoms’: Sailors, Slaves and Communication” 参照。現ジャマイカ在住の逃亡奴隷の子孫が録音した音楽は、スミソニアン協会のサイト Folkways の Drums of Defiance で試聴できる。

（12）「イギリスの植民地に……」BTC, page268。

（13）戦士のアフリカでの経歴については、BTC, page.271。

（14）「われわれは自由のために……」は BTC, page.278。

（15）「何か手を打たなければ……」、Thomas Bender（トーマス・ベンダー）, *A Nation Among Nations*, page.109。ベンダー博士は、大学院でのマークの博士課程の指導教授で、アメリカと世界の歴史を結びつけて考えるための指針だった。世界史と結びつけるためにアメリカ史の課程を広げたいと思っているＩＢ/ＡＰ課程の教師は、この本から多くの有益な指針、アイデア、情報を得られるだろう。アメリカ合衆国とハイチ革命との関係を調べるにあたって、すばらしい起点となるのが7年生のジム・トムソンが書いた優れた作文だ。その"The Haitian Revolution and the Forging of America"は、２０００年のナショナル・ヒストリー・デーの作文コンテストでジュニア部門の最優秀賞に輝いた。

(16)「世論は……」は、BTC, page.305。「神は人間の心を……」、同書page.305。「国民の感覚」、同書page.307。

(17)エレン・ベッツについては、B.A.Botkin, ed., *Lay My Burden Down*, page.127参照。これは、１９３０年代に記録された元奴隷の証言集だ。彼らの声が聞ける非常に価値の高い本だが、歴史学者たちは、高齢者が60年以上も前の経験や出来事を思い出して語ったものだという点を強調している。ルイジアナの砂糖の歴史については、ウェブサイト、Sugar at LSU: a Chronologyが文書も写真も豊富で充実している。これはルイジアナ州立大学の博物展示収蔵品をもとに作られたサイトだ。ルイジアナの砂糖と奴隷の歴史についてもっと知りたい教師や生徒には、Richard Follett, *The Sugar Masters*（以下、ＳＭ）も参考になる。多くの研究書同様、この本も他ではなかなか見られない個人の物語や詳細が載っている。セシル・ジョージについては、SM,page.46参照。

(18)「乳飲み子隊」（フォレットの表現）、SM, page.98。

(19)「だんなさまが願っていたのは……」、SM, page.67、「レイチェルは……」page.69。

(20)このホレホレ節の歌詞の翻訳はFranklin Odo（フランクリン・オードー）博士からいただいた。彼の次の著書*Voices from the Canefiel*〔２０１３年刊〕には、Harry Urata（ハリー・ウラタ）が集めてオードー博士が翻訳した歌の数々が含まれているが、これもそのひとつ。同書はＣＤ付きで発売される予定だが、そうなれば昔の人が歌った歌を聴ける。１９９５年の映画『ピクチャー・ブライド』は、ハワイの砂糖労働の綿密な下調べにもとづいて製作されており、ハイスクールの授業で鑑賞するのに最適な教材になるだろう（ただし、悲痛な出来事やユーモア混じりの卑猥な歌も含まれている）。また、映画公開に合わせて開設されたウェブサイトにはエッセイや歴史的背景など、生徒、教師ともに役立つ情報が載っている。

第4章

(1)インド人の年季奉公については、ＹｏｕＴｕｂｅやＢＢＣのドキュメンタリー・サイトなど、インターネットが多くの情報を提供している。

(2)バーラータについてはNoor Kumar Mahabir, *The Still Cry* 参照。

(3)歌の歌詞は、インド、イラーハーバード大学の考古学研究所がアムステルダムの王立熱帯研究所の協力を得て開催した展覧会でマリナが書き写してきたものだ。元の資料はイラーハーバードのG.B.Pant社会科学研究所に保管されている。

(4)年季奉公制度についてさらに知りたい人には、Hugh Tinker, *A New System of Slavery* をお勧めする。

(5)ベシュについては、Clem Seecharan, *Bechu* 参照。

(6)甜菜糖の話の概略は本書で紹介した書籍の大半に出ている。たとえば、B, pages.131-36。甜菜糖の製糖工程については、sucrose.com 参照。

(7)ノーバート・リリューの情報は、インターネットで簡単に見つかる。

(8)マークの一族の物語を裏付けるため、ロシアの甜菜に関する具体的な名前や場所を突き止めようとした。だが、残念ながら、わたしたちには語学力もなければ、情報にアクセスする手段もなく、手助けしてくれる研究者を見つけることもできなかった。そのため、ロシアとウクライナの甜菜に関する一般的な情報はQuestiaを利用し、以下の資料を参考にした。S.G.Pushkarev, *The Emergence of Modern Russia, 1801-1917*, pages.46 and 280、Jesse Clarkson, *A History of Russia*, page.282 *Konstantyn Kononenko, Ukraine and Russia*, pages.123-26。

(9)「科学時代」の砂糖をざっと紹介したこの部分は、ウェブサイト“Artifical Sweeteners: A History”参照。今日のブラジルでのサトウキビ利用については、２００６年5月1日号 *Newsweek International* に掲載されたAlexandra A. Seno“Business: Truth About Sugar”参照。

——, ed. *Tropical Babylons: Sugar and theMaking of the AtlanticWorld, 1450-1680.* Chapel Hill: University of North Carolina Press, 2004. (TB)

Sheridan, Richard B."Africa and the Caribbean in the Atlantic Slave Trade." *American Historical Review* 77, no. 1 (February 1972): 15-35. (ACAS)

——, *Sugar and Slavery: An Economic History of the BritishWest Indias, 1623-1775.* Kingston, Jamaica: University ofWest Indies Press, 1994. (SS)

Strong, L.A.G. *The Story of Sugar.* London:Weidenfeld and Nicholson, 1954.

Thornton, John. *Africa and Africans in theMaking of the AtlanticWorld, 1400-1800.* New York: Cambridge University Press, 1992. 2nd ed., 1998.

Urata,Harry. *Voices from the Canefields: Folksongs from Japanese ImmigrantWorkers in Hawai'i.* Translated by Dr. Franklin Odo.

Wild,Antony. *The East India Company: Trade and Conquest from 1600.* New York: Lyons Press, 2000. (EIC)

Williams, Eric. *From Columbus to Castro: The History of the Caribbean*, 1492-1969. New York: Random House, 1970. Reprint,New York:Vintage Press, 1984. (FCC)（エリック・ウィリアムズ『コロンブスからカストロまで――カリブ海域史、1492-1969』岩波書店）

Eltis,David. *The Rise of African Slavery in the Americas.* Cambridge: Cambridge University Press, 2000.

——,"TheVolume and Structure of the Transatlantic Slave Trade: A Reassessment," *William andMary Quarterly* 58, no. 1 (January 2001): 17-46. (VS)

Favier, Jean. *Gold and Spices: The Rise of Commerce in theMiddle Ages.* Translated by Caroline Higgitt.New York:Holmes &Meier, 1998.（ジャン・ファヴィエ『金と香辛料　中世における実業家の誕生』春秋社）

Feltoe, Richard. *Redpath: The History of a Sugar House.* Toronto, Ont.: Dundum Press, 1991.

Follett, Richard. *The SugarMasters: Planters and Slaves in Louisiana's CaneWorld, 1820-1860.* Baton Rouge: Louisiana State University Press, 2005. (SM)

Freedman, Paul. *Out of the East: Spices and theMedieval Imagination.* New Haven, Conn.: Yale University Press, 2008. (OE)

Funari, Pedro Paulo; Martin Hall; and Sian Jones, eds. *Historical Archaeology: Back from the Edge.* New York: Routledge, 1999.

Hall,Douglas. *In Miserable Slavery: Thomas Thistlewood in Jamaica, 1750-86.* Barbados: University of theWest Indies Press, 1999.

Harms, Robert. The Diligent: *A Voyage Through theWorlds of the Slave Trade.* New York: Basic Books, 2002. (D)

Hochschild,Adam. *Bury the Chains: Prophets and Rebels in the Fight to Free an Empire's Slaves.* Boston:HoughtonMifflin, 2005. (BTC)

Inikori, Joseph E. *Africans and the Industrial Revolution in England: A Study in International Trade and Economic Development.* Cambridge: Cambridge University Press, 2002.

Klein,Herbert S. *African Slavery in Latin America and the Caribbean.* New York: Oxford University Press, 1988.

Kononenko, Konstantyn. *Ukraine and Russia: A History of the Economic Relations Between Ukraine and Russia, 1654-1917.*Milwaukee,Wisc.:Marquette University Press, 1958.

Macinnis, Peter. Bittersweet: *The Story of Sugar.* Crows Nest,Australia: Allen & Unwin, 2002. (B)

Mahabir,Noor Kumar, *The Still Cry: Personal Accounts of East Indians in Trinidad and Tobago During Indentureship, 1845-1917.* Tacarigua,Trinidad: Calaloux Publications, 1985.

Marks, Jeannette. *The Family of the Barrett: A Colonial Romance.* New York: Macmillan, 1938.

Menninger, Karl. *NumberWords and Number Symbols: A Cultural History of Numbers.* Translated by Paul Broneer. Cambridge,Mass.: MIT Press, 1969. Reprint, New York: Dover Press, 1992.（カール・メニンガー『図説数の文化史　世界の数字と計算法』八坂書房）

Mintz, SidneyW. *Sweetness and Power: The Place of Sugar inModern History.* New York:Viking, 1985. (SP)

Morgan, Edmund, and Helen M.Morgan. *The Stamp Act Crisis: Prologue to Revolution.* Chapel Hill: University of North Carolina Press, 1953. 2nd ed. with new introduction, 1995. (SAC)

Pirenne,Henri. *Economic and Social History ofMedieval Europe.* New York: Harcourt Brace, 1954.（アンリ・ピレンヌ『中世ヨーロッパ社会経済史』一条書店））

Polo,Marco. *The Travels ofMarco Polo.* Translated by Ronald Latham. London: Penguin, 1958.（マルコ・ポーロ『東方見聞録』）

Pushkarev, S. G. *The Emergence of Modern Russia, 1801-1917.* Translated by Robert H.McNeal and Tova Yedin.New York: Holt Rinehart andWinston, 1963.

Schwartz, Stuart B., ed. *Slaves, Peasants, and Rebels: Reconsidering Brazilian Slavery.* Urbana: University of Illinois Press, 1996.

参考文献

Abbott, Elizabeth. *Sugar: A Bittersweet History.* Toronto, Ont.: Penguin Books Canada, 2008. (SBH)（エリザベス・アボット『砂糖の歴史』河出書房新社）

Ashdown, Peter. *Caribbean History inMaps.* Trinidad: Longman Caribbean, 1979.

Banfield, Susan. *The Rights ofMan, the Reign of Terror: The Story of the French Revolution.* New York: Lippincott, 1989. (ROM)

Barksdale, Richard, and Keneth Kinnamon, *eds. BlackWriters of America.* New York:Macmillan, 1972. Contains *The Interesting Narrative of the Life of Olandah Egriano, or Gustavus Vassa, the African.* (IN)（『アフリカ人、オラウダ・イクイアーノの生涯の興味深い物語』研究社）

Bell,Madison Smartt. *Toussaint Louverture: A Biography.* New York: Pantheon Books, 2007.

Bender,Thomas. *A Nation Among Nations: America's Place inWorld History.* New York:Hill andWang, 2006.

——, ed. *The Antislavery Debate: Capitalism and Abolitionism as a Problem in Historical Interpretation.* Berkeley: University of California Press, 1992.

Boissonnade, *P. Life andWork inMedieval Europe (Fifth to Fifteenth Centuries).* Translated by Eileen Power. London: Kegan Paul,Trench, 1927.

Botkin, B.A., *ed. LayMy Burden Down: A Folk History of Slavery.* Chicago: University of Chicago Press, 1945.

Burnard,Trevor G.*Mastery, Tyranny, and Desire: Thomas Thistlewood and His Slaves in the Anglo-JamaicanWorld.* Chapel Hill: University of North Carolina Press, 2004. (MTD)

Burney,David and Lida Pigott Burney,"Charcoal Stratigraphies for Kuai'i and the Timing of Human Arrival," *Pacific Studies v. 57,* no 2:211-226

Burrows, Edwin, andMikeWallace. *Gotham: A History of New York City to 1898.* New York: Oxford University Press, 2000.

Clarkson, Jesse Dunsmore. *A History of Russia.* New York: Random House, 1961.

Curtin, Philip D. *The Rise and Fall of the Plantation Complex.* 2nd ed. Cambridge: Cambridge University Press, 1998. (RFP)

Davis,David Brion. *The Problem of Slavery in the Age of Revolution, 1770-1823.* Ithaca,N.Y.: Cornell University Press, 1975.

Drescher, Seymour. *TheMighty Experiment: Free Labor vs. Slavery in British Emancipation.* New York: Oxford University Press, 2002.

Dubois, Laurent and Julius S. Scott, eds., *Origins of the Black Atlantic* (New York: Routledge, 2010)

【著者】マーク・アロンソン　Marc Aronson

"Sir Walter Ralegh and Quest for Eldorado" で第１回ロバート・F・シバート賞、およびボストングローブ・ホーンブック賞を受賞。ニューヨーク大学でアメリカ史の博士号を取得、スクール・ライブラリー・ジャーナルのサイト SLJ.com で Nonfiction Matters というブログを書いている。妻のマリナ・ブドーズとニュージャージー州メイプルウッド在住。

マリナ・ブドーズ　Marina Budhos

ウィリアム・パターソン大学の英語学准教授。これまでに多くの子供向け、一般向けの本を出している。"Ask Me No Questions" で第１回ジェームズ・クック・ティーン・ブック賞を受賞。フルブライト奨学金を得て研究員としてインドに滞在、ローナ・ヤッフェ賞を受賞した。

【訳者】花田知恵（はなだ・ちえ）

愛知県生まれ。英米翻訳家。主な訳書にフリューシュトゥック『不安な兵士たち　ニッポン自衛隊研究』、ドナルド『図説 偽科学・珍学説読本』、ハーディング『ドイツ・アメリカ連合作戦』、ホフマン『最高機密エージェント』などがある。

砂糖《さとう》の社会史《しゃかいし》

2017年3月7日　第1刷

著者…………マーク・アロンソン／マリナ・ブドーズ

訳者…………花田知恵《はなだちえ》

装幀…………伊藤滋章

発行者…………成瀬雅人
発行所…………株式会社原書房

〒160-0022 東京都新宿区新宿 1-25-13
電話・代表 03（3354）0685
http://www.harashobo.co.jp
振替・00150-6-151594

印刷…………新灯印刷株式会社
製本…………東京美術紙工協業組合

ISBN978-4-562-05381-0, Printed in Japan